Vom GLÜCK, mit HUNDEN zu leben

CALLWEY

MARIANNE VON WALDENFELS · JENNIFER DIXON
THOMAS NIEDERSTE-WERBECK

Vom GLÜCK, mit HUNDEN zu leben

BESONDERE MENSCHEN · und ihre besten Freunde

CALLWEY

VOM GLÜCK, mit Hunden zu leben

Schon als Kind habe ich mir immer einen gewünscht. Meine Eltern nicht. Ich habe sie lange bearbeiten müssen. Doch im Alter von neun Jahren und nach dem Besitz von Fischen, Wellensittichen und Kaninchen hatte ich sie – meine Eltern. Und ihn – meinen ersten Hund! Einen Langhaardackel. Es war Liebe auf den ersten Blick. Bastian wurde mein Begleiter, mein Zuhörer, mein Freund. Jahrelang bin ich mit ihm nach der Schule zwei Stunden in die Natur gegangen. Manchmal auch länger. Seine Gesellschaft machte mich glücklich und entspannt.

Dieses Gefühl des Glücks ist es, das wir Hundefreunde anderen Menschen voraushaben. Wir haben jeden Tag etwas zum Lächeln. Gründe dafür gibt es genug: Wie uns der Hund bezirzt. Wie lustig er sich im Gras wälzt. Wie fröhlich er über die Wiese rennt. Wie wach er aufhorcht. Wie freundlich er uns begrüßt. Wie süß er bettelt. Und wie beleidigt er sein kann, wenn er mal leer ausgeht. Nach jedem langen Spaziergang mit Buddy und Cooper, meinen beiden Irish Terriern, an meiner Seite (und mir an ihrer) gibt es keine Probleme mehr. Oder sagen wir so: Sie sind ein gutes Stück kleiner geworden. »Problemlösehunde« – ein schönes Wort! Das könnte ein Grund dafür sein, dass sich so viele von uns einen Hund wünschen. Einen besten Freund. Neulich habe ich wieder den Film »Ziemlich beste Freunde« angeschaut. Jene besondere Freundschaft zwischen dem gelähmten Philippe und seinem dunkelhäutigen Pfleger Driss. Es macht Spaß zu sehen, wie gut sich die zwei Männer von ganz unterschiedlicher Herkunft verstehen, gerade weil sie so anders sind. Jeder beflügelt den anderen auf ganz eigene Weise. Ich erinnere mich an diesen Film gern, wenn wir über die Hundewiesen laufen (verschiedener geht's kaum) und dann die erhabene Dogge mit ihrem Lieblingskumpel treffen, einem wieselflinken Dackel. Er ist ihr bester Freund, so scheint es.

»Hunde haben alle guten Eigenschaften des Menschen, ohne gleichzeitig ihre Fehler zu besitzen« – (Friedrich der Große, 1712–1786). Der Mann hat recht. Seit über 15.000 Jahren pflegen wir eine innige Freundschaft zum *canis lupus familiaris*. Obwohl der »Haushund« so anders ist als wir. Oder gerade deshalb? Aus dem ersten Haustier des Menschen wurden Jagdbegleiter, Beschützer, Familienmitglieder, Lebenspartner, treue Seelen. Unser Herz hüpft, wenn sie uns entgegenwedeln oder sich auf dem Sofa an uns kuscheln. Denn ihre Bedürfnisse sind längst auch unsere, wenn es darum geht, nach geeigneten Aktivitäten zu suchen, nach Ausflügen … Wir fördern und fordern unsere Hunde mit IQ-Spielen und Nasenarbeit im Wald. Sie haben behagliche Stammplätze in unserem Zuhause erobert, ihre Leine hängt an unserer Garderobe. Zu unseren Lieblingsadressen zählen wir Hundeshops, die mit traumhaft schönen Hundekissen und -zubehör handeln, und Restaurants, in denen man Hunden Wasser und Leckerlis reicht.

Und natürlich ist der Hund auch online unterwegs: In eigenen Instagram-Accounts wird er verfolgt – von seinen Followern.

Aus meiner Zeit als Entwickler und Chefredakteur bei DOGS weiß ich auch, dass nicht alles Gold ist, was glänzt: Wir verstehen unsere Tiere manchmal nicht. Fragen geschulte Trainer um Rat, wenn unsere Erziehung misslingt oder die Hunde nicht begreifen, was wir uns wünschen. Wir studieren präzise Rezepturen, die ihre Wehwehchen lindern, wühlen nach Zecken in ihrem Unterfell und putzen jahrelang verschmutzte Decken, Böden und unsere Schuhe wieder sauber, weil nichts schöner ist, als mit ihnen durch den Matsch zu laufen. Und wir leiden wie Hund, wenn alles nichts mehr nützt und wir beste Freunde zu Grabe tragen. Denn jeder Hund ist ein Geschenk. Und immer kommt die Sehnsucht nach einem nächsten. Nicht, weil man den alten vergessen könnte. Niemals! Aber ein Leben ohne Hund wäre einfach nicht vorstellbar. Ich folge dem römischen Philosophen Seneca, der sich schon wenige Jahre nach Christi Geburt ganz sicher war: »Ohne Gefährten ist kein Glück erfreulich.« Möge es vier Pfoten haben.

THOMAS NIEDERSTE-WERBECK

→ Marianne mit Cookie, einer lustigen Labrador-Dackel-Mix-Dame.

↓ Thomas mit seinen beiden Irish Terriern Cooper und Buddy vor dem Eingangstor zum Haus.

Meine Tochter Marie, damals sieben, rief mich während einer Konferenz auf dem Handy an – es sei dringend! Sie habe mir ein Foto geschickt, das ich SOFORT ansehen müsse. Vom Display meines Telefons blickten mich zwei herzerweichend treue Augen an, umrahmt von langen weiß-braunen Schlappohren. Ein junger Basset. Der Bildunterschrift zufolge in einem ungarischen Tierheim abgegeben, weil ein Bein nicht wachsen wollte. »Wir MÜSSEN sie retten,

Mami!« Ich bin mit Hunden und Pferden aufgewachsen, liebe alles, was vier Beine hat, aber jetzt, sofort?
Nach intensiven Diskussionen zog Molly, eine hinreißende Basset-Dame, im Alter von ungefähr fünf Monaten bei uns ein. Sie musste relativ kompliziert operiert werden, dann begann ihr Bein zu wachsen. Und damit auch ihr Selbstbewusstsein. Elf Jahre lang begleitete sie uns, fraß mindestens zweimal am Heiligen Abend heimlich den gesamten Lachs auf, sprang jeden Abend fünf Minuten, bevor ich nach Hause kam, aufs Fensterbrett, um mich zu begrüßen. Liebte Wasser und Wellen, konnte rennen wie der Wind, hatte das Herz einer Löwin und den Humor von Hape Kerkeling. Und machte uns täglich ein bisschen glücklicher. Dann starb sie innerhalb von kürzester Zeit an Krebs. Ein Albtraum, jeder, der schon einmal einen Hund verloren hat, weiß um diese entsetzlich traurigen Tage und Nächte.
Doch eines Morgens blickte ich in der Gruppe des Tierschutzvereins TSV Hund und Katz auf Facebook in zwei jämmerlich betrübte Augen, darunter ein kahles Schnäuzchen, das sich durch Gitterstäbe schob. Ähnlich wie Molly hatte diese Hündin ziemlich kurze Beine. Und einen kräftigen Körper. Die exotische Mischung aus Labrador und Dackel saß in einem portugiesischen Tierheim. Und irgendetwas an ihr rührte mich. Kurzum, Cookie – so hatten sie die Tierschützer genannt – kam zu uns. »Ist das ein genmutierter Riesendackel?«, fragte mich ein Nachbarsjunge ehrfürchtig, als er das Tier zum ersten Mal sah. Mittlerweile hat die lustige Rennwurst ein paar Kilo verloren, ihre Angst vor Fahrrädern, Kabeln und Zeitungen auch – und ihre Liebe zu Bällen, kleinen Kindern, Sofas und Kiwis entdeckt. Es gibt nur wenige Momente am Tag, an denen ihr langes Schwänzchen nicht fröhlich wedelt. Ein gemaltes Porträt von ihr hängt neben dem von Molly. Ich bin mir sicher, die beiden hätten sich gut verstanden.

MARIANNE VON WALDENFELS

Ich stamme aus einer Familie, die Hunde liebt. Hunde gehörten zu unserem Familienleben, seit ich denken kann. Wir haben unsere Herzen an Labradore verloren, heute hat meine Mutter drei und meine beiden Brüder und ich jeweils eines dieser herrlichen Tiere.
Aber, um ehrlich zu sein, so sehr wir diese Rasse schätzen – wären es keine Labradore, wären es eben andere Hunde. Ein Leben ohne ist für uns einfach nicht vorstellbar. Für mich gab es nur eine kurze Periode ohne tierisches Familienmitglied. Neue Stadt, erster Job, erste eigene Wohnung, da war nicht wirklich Platz für einen eigenen Hund.
Seit 2015 lebt Sølve, ein Chocolate Labrador, mit meinem Freund und mir. Niklas kommt, anders als ich, nicht aus einer Familie, die Hunde gewöhnt ist, und er konnte sich ein Leben ohne auch immer sehr gut vorstellen. Dass wir Sølve aufnehmen, haben wir gemeinsam entschieden, aber Niklas ist erst ein wenig später wirklich auf den Hund gekommen, dafür ist es jetzt für uns beide das ganz große Glück – eben das Glück, mit einem Hund zu leben.

JENNIFER DIXON

↓ Jennifer hat ihr Herz an Chocolate Labrador Sølve verloren.

WOHN-
GESCHICHTEN

GIVENC
Cookie

TEXT MARIANNE VON WALDENFELS, JENNIFER DIXON
FOTOS JULIA MARIE WERNER

Großes Glück auf kurzen Beinen

Bei Tamara Gräfin von Nayhauß und ihrer Familie ist jüngst eine kleine Jack-Russell-Dame eingezogen. Schon nach kürzester Zeit war klar: »Ein Leben ohne unsere Cookie möchten wir uns gar nicht mehr vorstellen.«

prince
3

Preußen

TV-Moderatorin, Stilvorbild, Influencerin ... Tamara Gräfin von Nayhauß ist berühmt für ihr journalistisches Gespür und ihren ausgeprägten Sinn für guten Geschmack. Doch die Mutter zweier Söhne begeistert sich nicht nur für Mode, Lifestyle und Interior. Sondern auch für ihr jüngstes Familienmitglied: Cookie, eine kurzbeinige, dreifarbige Jack-Russell-Dame.

↖ Oben: Cookie liebt Ballspiele über alles – ob im Garten oder im Haus.
←← Die Jack-Russell-Dame hat Geschmack: Zwischen Frauchens Heels werden auch gerne mal Knochen versteckt.
← Kuschelstunde mit Cookie.

»Cookie ist tatsächlich als Welpe zu uns gekommen, zu Beginn des Corona-Lockdowns im März 2020. Mein jüngster Sohn und mein Mann haben sie aus Nordrhein-Westfalen abgeholt, ganz kurz bevor alles geschlossen wurde. Wir sind in dieser speziellen Phase ganz besonders zusammengewachsen. Sie ist eine tolle Mischung aus wild und verschmust. Sie ist treu, frech und aufmerksam.«

Warum hat sich die Familie für diese Rasse entschieden? »Meine Mutter hat einen Jack-Russell-Mischling, ich bin also mit der Rasse vertraut und schätze ihre Art. Besonders schön ist, dass sie Kinder lieben und tolle Spielkameraden sind. Außerdem kann man aufgrund ihrer Größe unkompliziert mit Jack Russells reisen. Wir haben uns einen richtigen Familienhund gewünscht, der immer dabei sein kann.«

Cookie hat sich natürlich schnell in ihrem neuen Zuhause eingelebt. Die Familie wohnt in einer Gründerzeitvilla im Berliner Westend, die Tamara mit viel Fingerspitzengefühl in einem stylishen Mix aus alten Klassikern und modernen Designstücken eingerichtet hat. Sie setzt auf harmonische Farben, zarte Muster und Deko in warmen Nuancen. »Ich mag vor allem unseren Wintergarten, das ist mein Lieblingsrückzugsort in unserem Haus – ganz besonders schön im Sommer, wenn ich die Fensterfronten öffnen und mit Blick auf den Garten träumen kann«, verrät die Journalistin. Der Garten gehört selbstverständlich auch zu Cookies Lieblingsrevieren. Und zwar nicht nur zum Schnüffeln ... »Sie liebt Ballspiele, besonders Pingpongbälle haben es ihr angetan«, erzählt Tamara von Nayhauß. Doch

> »Wir sind in dieser speziellen Phase ganz besonders zusammengewachsen. Sie ist eine tolle Mischung aus wild und verschmust. Sie ist treu, frech und aufmerksam.«

Cookie hat diverse Hobbys: »Sie schwimmt auch sehr gern. Überhaupt – sie hat vor nichts Angst. Und sie ist beim Fahrradfahren und auf dem SUP dabei.« Und wo fühlt sich Cookie im Haus am wohlsten? »Am liebsten ist Cookie mit der

↑ *Der helle, stilvoll eingerichtete Wintergarten ist Tamara von Nayhauß' liebster Platz in ihrem Zuhause.*

ganzen Familie zusammen im Wohnzimmer. Außerdem ist sie gern auf ihrem Platz in der Küche, wenn wir frühstücken oder ich koche.« Da steht auch ihr Napf, der Vierbeiner bekommt ein besonderes Clean-Feeding-Nassfutter von Daps, eine seiner bevorzugten Sorten ist die mit Rote Beete und Fleisch.

»Vor Kurzem war sie für ein paar Stunden ausgebüchst, das war für uns alle ganz schlimm. Ein Leben ohne Cookie möchten wir uns gar nicht mehr vorstellen.«

Helle und freundliche Farben dominieren das Ambiente der Villa, dazu kommen moderne Materialien wie Samt oder der Couchtisch in Marmoroptik. In jedem Zimmer spiegelt sich der exquisite Geschmack der Hausherrin wider. »Abends legt sich Cookie zuerst zu meinem Sohn Louis ans Fußende des Bettes. Später schläft sie dann in unserem Schlafzimmer im Körbchen.« Die Jack-Russell-Dame ist der ganzen Familie in kürzester Zeit unglaublich ans Herz gewachsen. »Jeder Tag mit Cookie ist lustig, sie ist noch sehr verspielt und bringt uns viel zum Lachen, weil sie zum Beispiel irgendetwas klaut oder ihre Kauknochen in unseren Schuhen versteckt. Vor Kurzem war sie für ein paar Stunden ausgebüchst, das war für uns alle ganz schlimm. Ein Leben ohne Cookie möchten wir uns gar nicht mehr vorstellen.«

↖ Cookie liebt ihr Körbchen.
↑ Große Liebe: Tamara Gräfin von Nayhauß und Cookie.
← Große Freude: Endlich geht es nach draußen!

TAMARA VON NAYHAUß

Meine Erfahrungen

BINDUNG AUFBAUEN

»Meine Tipps, um eine enge Beziehung zu seinem Welpen aufzubauen: Das ist ja ähnlich wie bei einem Baby … Körpernähe, Geborgenheit und Ruhe! Trotzdem würde ich aber den Welpen, ohne ihn zu sehr zu stressen, ins Tagesgeschehen miteinbeziehen, damit er Erfahrungen sammelt. Sprich: ihn mitnehmen zu Terminen, zu Treffen mit Freundinnen und so weiter. Dabei sollte man immer darauf achten, dass der Hund die nötige emotionale Sicherheit seines Frauchens oder Herrchens hat und sich beschützt und wohlfühlt.«

Liebes-Momente

»Meine Mutter hat einen Jack-Russell-Mischling, ich bin also mit der Rasse vertraut und schätze ihre Art. Besonders schön ist, dass Jack Russells Kinder lieben und tolle Spielkameraden sind. Außerdem kann man aufgrund ihrer Größe unkompliziert mit ihnen reisen. Wir haben uns einen richtigen Familienhund gewünscht, der immer dabei sein kann.«

KINDER UND HUNDE

»Kinder mit einem Hund zusammenzubringen ist meiner Meinung nach nicht schwer. Die meisten Kinder träumen ja von einem Hund und wollen, wenn sie dann endlich einen haben, gar nicht von ihm lassen. Ich musste meinen Jungs immer eher sagen, dass sie sich bei aller Liebe auch mal zurückhalten sollen, um Cookie eine Ruhephase einzuräumen.«

SHIMANO
SHIMANO

TEXT MEIKE WINNEMUTH
FOTOS FELIX AMSEL

Mit Fiete im Foxtrott

»Solange er da ist, ist meine Welt in Ordnung«, schwärmt die Bestsellerautorin Meike Winnemuth über das Leben mit ihrem Foxterrier und stellt fest: Jeder, der ihrem Fiete begegnet, fühlt das Gleiche.

Was man unbedingt wissen sollte, bevor man sein Leben mit einem Foxterrier teilt (ich vermeide hier bewusst Vokabeln wie »anschaffen« und »sich zulegen«): Der gehört einem nie allein. Der wird augenblicklich von aller Welt in einem Anfall akuter Nostalgie adoptiert.

← Am Strand von Behrensdorf an der Ostsee gehen Fiete und Meike gern gemeinsame Wege – bis die Terriernase Witterung aufnimmt.

Ältere bekommen bei Fietes Anblick ganz weiche Gesichter und seufzen: »Oh, ich hatte so einen als Kind. Auf Rädern.« Jüngere sagen: »Meine Oma hatte auch einen.« Bauarbeiter rufen quer über die Straße »Struppi!«, Passanten seufzen: »Guck, ein Steiff-Tier.« Und alle gehen in die Knie und liebkosen ihre eigene Kindheit, vielleicht aber auch nur jene ferne Zeit, als es nur Hunderassen gab, die man kannte und aussprechen konnte – Pudeldackelschnauzerspitz –, und das Leben auch sonst ziemlich übersichtlich war.

Fiete nutzt gnadenlos aus, dass die Leute bei seinem Anblick zu Butter werden, er weiß genau: Frau Mock vom Sanitätshaus gegenüber, Herr Brüggmann, der Marktmeister vom Öko-Wochenmarkt, und die nette Buchhändlerin an der Ecke halten immer Snacks für ihn bereit, er muss sich einfach nur hinsetzen und den Schwanz rotieren lassen. Ich habe längst aufgegeben, in solchen Situationen konsequent sein zu wollen (kein Futter von Fremden!), ich bringe es einfach nicht übers Herz. Welches Recht hätte ich denn auch? Schließlich ist Fiete ja nicht nur mein Hund, sondern auch der von Frau Mock, Herrn Brüggmann und dem Rest der Welt.

Dass es ein Drahthaar-Fox werden sollte, hatte ich mir seit der Lektüre von »Tim und Struppi« als Kind in den Kopf gesetzt: Als Journalistin wollte ich einen fixen, quicken Reporterhund, einen unerschrockenen Begleiter bei meinen Abenteuern. »Völliger Irrsinn«, sagten alle, die was von Hunden verstehen: »Du bist eine blutige Anfängerin ohne die geringste Hundeerfahrung, und dann gleich so einen smarten Quadratschädel?« »Kriege ich hin«, erwiderte ich, »wir werden schon sehen, wer am Ende den größeren Dickkopf hat.«

> »Kriege ich hin«, erwiderte ich, »wir werden schon sehen, wer am Ende den größeren Dickkopf hat.«

Am Anfang sah es ganz so aus, als ob er es sein würde. Als Welpe war er größenwahnsinnig. Es gibt ein Handyvideo aus seinen Kindertagen, das mich immer noch zum Lachen bringt: Er sitzt rittlings auf einem Monster von Retriever, zehnmal so groß wie er. Nur was hilft Größe schon bei einem Sparringspartner, der zehnmal so viel Chuzpe hat? Schon als ich ihn mit sieben Wochen bei

↑ *Morgenritual! Wenn die Autorin ihren Laptop aufklappt, um die Mails zu checken, hüpft Fiete auf ihren Schoß und genießt die Wärme. Sobald die Arbeit ernster wird, trollt er sich.*

→ *Daydreaming: Ist Fiete nicht in Aktion, schläft er eine Runde und zuckt beim Träumen mit den Pfoten.*

seiner Züchterin Beate Duesmann kennenlernte, fuhr er dieselbe Strategie: knüpfte kackfrech meine Schnursenkel auf, krabbelte das Hosenbein hoch und rollte sich auf meinem Schoß zusammen. Knock-out in der ersten Runde.

Ich wusste also, was auf mich zukam: harte Arbeit, nicht zuletzt an mir selbst. Vielleicht ist ein Terrier deshalb doch kein so schlechter Anfängerhund: Mit keinem Hund lernt man schneller Konsequenz und klare Kante, Eigenschaften, die mir zuvor nicht unbedingt gegeben waren. Tja – hat mir alles mein Hund beigebracht.

»Mit keinem Hund lernt man schneller Konsequenz und klare Kante, Eigenschaften, die mir zuvor nicht unbedingt gegeben waren.«

Und dazu noch ein paar andere Dinge: Natur zum Beispiel. Wie schön es im Wald ist, der mir früher immer etwas unheimlich war. Und wie weit man am Meer gehen kann. Fiete war gerade mal drei Monate alt, da war ich mit ihm zum ersten Mal an der Ostsee, an der Hohwachter Bucht. Jetzt wohne ich da den größten Teil des Jahres. Ein bisschen seinetwegen, ein bisschen meinetwegen, aber ohne ihn und mein Bedürfnis, ihn aus dem Hamburger Bahnhofsviertel mit seinen Bierflaschenscherben und Döner-Resten rauszubringen, hätte ich den Schritt nie gemacht.

Und wie lebt es sich nun mit einem Foxterrier? Ich weiß nur, wie es mit diesem Foxterrier ist: entspannt. Innig. Aber wir können uns auch gut in Ruhe lassen. Dazu mag beigetragen haben,

↑ Zu zweit ist es draußen am schönsten, meint Fiete. Daher ist Gartenarbeit für Meike Teamwork und ihr Garten an der Ostsee ist hundegerecht angelegt.

dass wir eine Turbo-Bindung entwickelt haben. Als Fiete fünf Monate alt war, gingen wir auf Lesetour, fuhren kreuz und quer durch die Republik. Ich hatte vorher alle meine Hundeexperten gelöchert, ob das Tier möglicherweise irgendeine Störung davontragen könnte, wenn es täglich gegen einen neuen Baum pinkeln müsste. Die einhellige Meinung: Solange du da bist, ist seine Welt in Ordnung.
Was mir vorher keiner gesagt hatte: Solange er da ist, ist meine Welt in Ordnung. Nach einer anstrengenden Lesung nachts ein einsames Einzelzimmer zu beziehen hat schon viele Schreiber in den Alkoholismus getrieben, mich aber in die Knie: erst mal auf dem Teppich eine Runde mit Fiete spielen, der auf mich gewartet hatte – das erdet in jeder Hinsicht. Ihn mit auf die Bühne zu nehmen, das hatte ich schnell gelassen. Ich weiß jetzt, warum es die alte Schauspielerregel gibt, nie mit Kindern und Hunden aufzutreten: Man hat gegen sie nicht die geringste Chance.
Als Reisebegleiter ist Fiete Weltklasse. Aber vielleicht bin ich ja auch nur seine Begleiterin. In dem entzückend gezeichneten Rassekom-

»Ich persönlich liebe genau das an Fiete: dass er halt nicht mit gefalteten Pfoten an meinem Knie klebt, sondern gern seiner Wege geht. Und dass er clever ist.«

pendium »Wuff!« der britischen Illustratorin Fenella Smith wird der Foxterrier sinnierend über einer Landkarte abgebildet, darunter steht: »Aufgrund seiner Unermüdlichkeit, immer alles erkunden zu wollen, der Marco Polo der Hundewelt.« Genau so ist es. Unter dem Stichwort »Neugier« könnte im Lexikon ein Foto von Fiete stehen. Er muss ständig alles checken. Terrier sind Einzeljäger, dafür gezüchtet, allein in den Bau zu gehen und dort selbstständige Entscheidungen zu treffen: links, rechts? Oder doch lieber wieder raus? Diese Eigenmächtigkeit muss man mögen, sonst wird man an ihr verzweifeln.
Ich persönlich liebe genau das an Fiete: dass er halt nicht mit gefalteten Pfoten an meinem Knie klebt, sondern gern seiner Wege geht. Und dass er clever ist. Aus Spaß habe ich mal ein Wochenendseminar Tricktraining in einer Filmtierschule belegt. Eine der Aufgaben: Hund steht auf einem Podest, am Rand hängt ein Bindfaden mit einem Leckerli am anderen Ende herunter, das von oben nicht zu erreichen ist. Was nun? Zwei Versuche, und mein Schlauberger hatte den Faden wie eine Angelschnur eingeholt. Ein Genie, ich hab's ja immer gewusst. Zumindest wenn es um Nahrungsbeschaffung geht.
Und da wären wir wieder am Anfang: bei der Nahrungsbeschaffung durch willige Helfer. Dem Terrier wird ja oft der berühmte *will to please* abgesprochen. Ach Quatsch, den gibt es unbedingt. Den *will to please* Fiete. Schon weil er es einem hundertfach zurückzahlt.

↗ Fiete kooperiert trotz Terrier-Dickschädel gern mit Frauchen. Als Muse auf dem Schoß inspiriert er Meike beim Schreiben.
→ Bunter Hund: Wer sich noch an den Comic-Hund Struppi erinnert, wird bei Fiete nostalgisch.

MEIKE WINNEMUTH

Meine Erfahrungen

DIE SACHE MIT DEN DAUMEN

»Blühende Stauden, beeindruckende Beete, akkurate Hecken: Wer seinen Garten liebt, sollte sich eins klarmachen. Hunde haben keine grünen Daumen. Stattdessen sind Hunde sozusagen Anti-Gärtner, die beim Toben tiefe Krater in die Rasennarbe reißen, Pflanzen anpinkeln, Himbeeren und Tomaten vom Strauch fressen und ihre wichtigen Dinge am liebsten in der weichen, lockeren Erde des schönsten Beetes vergraben. Stellen Sie sich und Ihren Garten mental drauf ein.«

HÜNDIN ODER RÜDE?

»Wenn man Rüden hat, ist ein kurz geschnittener Rasen kein Problem. Hat man Hündinnen, ist eine Wiese mit Kräutern und Blumen darin besser, denn Hündinnen sorgen durch den hohen Nitratgehalt in ihrem Urin für gelbe Flecken im Gras. Deshalb ist es besser, das Gras etwas länger zu lassen und Wiesenblumen zu säen – die Bewegung der bunten Blüten lenkt ab von eventuellen Unregelmäßigkeiten im Gras und die Blüten dienen nebenbei als gutes Bienen- und Schmetterlingsfutter.«

DAMIT DIE BLUMEN ÜBERLEBEN

»Was Beete betrifft, kommt man bei den meisten Hunden nicht um Abgrenzungen herum – außer, man bepflanzt die Beete so dicht mit möglichst pieksenden Sträuchern, sperriger Fetthenne und Rosenbüschen, dass die Hunde kein Bedürfnis verspüren, sich dazwischen breit zu machen. Es gibt sehr schöne Steckzäune im Vintage- oder modernen Stil oder Staketenzäune aus Kastanienholz, die junge oder sehr temperamentvolle Hunde daran hindern, zwischen den Stauden Sport zu treiben oder ihre Kauartikel unterhalb der Prachtspieren zu vergraben.«

WENN DER HUND SEIN BEINCHEN HEBT

»Hortensien – die es sehr übel nehmen, bepieselt zu werden – sehen besonders schön aus, wenn sie üppig in große Töpfe gepflanzt werden. Buchsbäume hingegen halten Hundeurin überhaupt nicht aus, Eibe dagegen schon. Alles, was essbar ist, pflanzt man in schöne Hochbeete oberhalb der Strahlhöhe von Rüden und, je nach Gemüsevorlieben, oberhalb der Reichweite von Hundemäulern – also Erdbeeren, Salat, Kräuter, Tomaten, Zucchini. Erdbeeren sehen auch sehr schön aus in riesigen Steingut- oder Tontöpfen.«

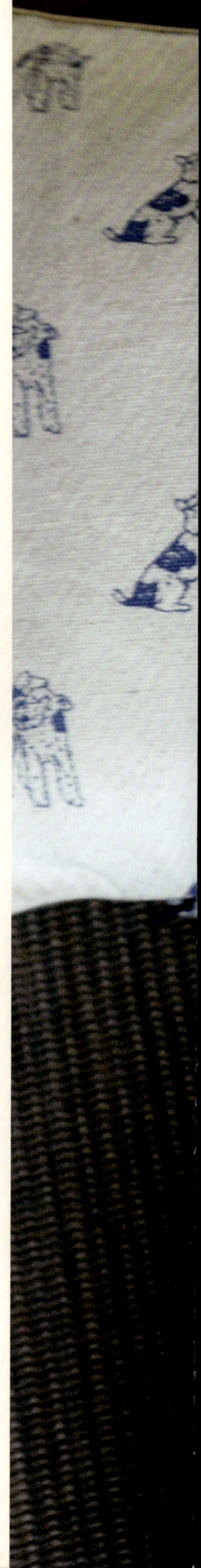

TEXT MARIANNE VON WALDENFELS, JENNIFER DIXON
FOTOS JULIA MARIE WERNER

Grande Amore in Ambach

Die Queen des Boulevard-Journalismus und ihr eigensinnig-charmanter Puggle Emil verbindet eine innige Liebe. »Emil hält mich allerdings nicht für seine Chefin, sondern für eine Art Kumpel«, erklärt Patricia Riekel.

Die Magie des Starnberger Sees ist einzigartig. Das silbrige Licht, das leuchtende Wasser, die weiche Luft, die blütenweißen Wolken, die gemächlich über die sanften Hügel ziehen, die den See umrahmen. Und die historischen Villen am Ufer mit ihren Türmchen und Erkern, in denen sich einst die großen Dramen und Liebesgeschichten der feinen Gesellschaft abspielten.

↖ Kostbare Momente: Emil liebt es, bei Frauchen auf dem Schoß zu sitzen.
←← Was bist du denn für ein komischer Vogel?
← Emil hat alles im Blick – er hat unter den Treppen der Mini-Datsche Position bezogen.

Unsere Liebesgeschichte spielt allerdings im Hier und Jetzt. In einem zauberhaften Kleinod in Ambach, direkt am See. Das leidenschaftliche Paar: Patricia Riekel, die charismatische Königin des Boulevard-Journalismus, 20 Jahre lang war sie Chefredakteurin der Zeitschrift Bunte. Und Emil. Ein attraktiver Puggle aus dem Allgäu. Hochintelligent und eigensinnig, einer, der nicht so gerne nach der Pfeife anderer tanzt. Auch nicht nach der seiner äußerst liebevollen und toleranten Besitzerin.

Die Romanze begann, kurz nachdem Patricia Riekel, Mops- und Labrador-Expertin, ihren langjährigen Gefährten, den braunen Labrador Bruno, einschläfern lassen musste: »Vor Bruno hatte ich einen Mops, Churchill, den ich auch sehr mochte. Der hat immer so melancholisch geguckt, als ob er das Gewicht der Welt auf seinen Schultern tragen würde ... Als ich eine Anzeige in der Zeitung las, dass sich ein Beagle mit einem Mops vermählt hatte und die Welpen verkauft würden, fuhr ich hin. Ich entschied mich für einen schwarzen Welpen. Nach ein paar Wochen kam ich wieder, um ihn abzuholen. Doch der interessierte sich gar nicht für mich. Ein kleiner Brauner kam sofort angeschlappt und setzte sich auf meinen Schoß. Die Besitzerin lobte ihn in höchsten Tönen. Der sei so lieb, aus dem würde ein guter Therapiehund werden. Also entschied ich mich für ihn. Emil. Im Auto verhielt er sich vorbildlich. Dann kamen wir in

»Vor Bruno hatte ich einen Mops, Churchill, den ich auch sehr mochte. Der hat immer so melancholisch geguckt, als ob er das Gewicht der ganzen Welt auf seinen Schultern tragen würde.«

Ambach an – und es war, wie wenn der Teufel in ihn gefahren wäre. Im Affenzahn sprang er auf jedes Sofa und jeden Sessel, natürlich auch auf alle Betten – und war nicht mehr zu bändigen.«

↑ *Im Bad mit der viktorianischen Wanne hängen Fotografien ihres alten Freundes Karl Lagerfeld.*
→ *Über die schmale Holztreppe geht es, vorbei an liebevoll kuratierter Kunst, in den ersten Stock mit Schlaf-, Arbeits- und Gästezimmer.*

Sie lacht, während sie diese Geschichte erzählt und Emil, der stolz auf ihrem Schoß thront, taxiert die Besucher mit aufmerksamem Blick. »Ich habe zu meinem Mann gesagt: Stell dir vor, ich habe einen Hund gefunden, der ist ein Denker, ein Philosoph, mit Stirnfalten. Bruno, mein Labrador, und Herr Markwort haben sich gegenseitig ignoriert. Bruno hat ihn gar nicht wahrgenommen. Emil tappste dagegen sofort zu ihm hin, runzelte die Stirn und blickte ihn wis-

»Bruno, mein Labrador, und Herr Markwort haben sich gegenseitig ignoriert. Bruno hat ihn gar nicht wahrgenommen. Emil tappste dagegen sofort zu ihm hin, runzelte die Stirn und blickte ihn wissend an.«

send an.«
Die einflussreiche Medienmacherin und Lebensgefährtin von Focus-Gründer und FDP-Abgeordneten Helmut Markwort wird nicht nur für ihr einmaliges journalistisches Gespür geschätzt. Sondern auch für ihren ganz besonderen Stil, der sich unter anderem in ihrem wunderbaren Ambacher Haus widerspiegelt. »Es ist mein Lebensprojekt. Das Haus war früher eine Schreinerei und ist 1949 gebaut worden, im selben Jahr, in dem ich geboren bin. Ich habe es an meinem 50. Geburtstag gekauft, am 19. Juni 1999. Für mich ist damit ein Traum in Erfüllung gegangen.« Einer ihrer Lieblingsplätze ist die türkisfarbene Samtcouch im Wintergarten, zwischen unzähligen Büchern und Bildern. Auch

von hier aus hat sie Blick auf den Starnberger See, die Wandfarbe ist wie jede andere im Haus von Farrow & Ball. Silber, Weiß, helles Blau – Patricia Riekel holt die Farben des Sees und des Lichts in ihr Haus. Das hat ihr Karl Lagerfeld, ihr alter Freund, einst geraten, dessen Fotografien an den Wänden ihres Bads hängen. »Ich dekoriere jede Woche um«, erklärt sie. »Manche meiner Freundinnen sagen, ich bin wohnsüchtig.«
Von ihren Freundinnen und Freunden, die seit vielen Jahrzehnten an ihrer Seite sind, wird sie für ihre Loyalität, ihre großzügige Herzlichkeit und scharfsinnigen Ratschläge hochgeschätzt. »Mein Haus ist ein Begegnungszentrum. Ich liebe Gäste, auch Überraschungsgäste. Hier wird diskutiert, manchmal gestritten und viel gelacht.« Zu den Zimmern im ersten Stock gelangt man über eine schmale Holztreppe, vorbei an außergewöhnlicher Kunst und zwei Porträts von Emil, Werke der Malerin Annette Girke. Das Schlafzimmer ist ein liebevoll dekorierter Rückzugsort in Weiß, an die Decke hat ein befreundeter Künstler ein Wolken-Trompe-l'œil gemalt. Sobald die Journalistin morgens aufwacht und die Vorhänge aufzieht, blickt sie weit übers Wasser. »Emil schläft natürlich im Bett, wie ein Ehemann. Er robbt sich aufs Kopfkissen und liegt dann direkt neben mir.« Auch beim Thema Ernährung, erzählt Patricia Riekel lachend, hätten sie Gemeinsamkeiten. »Da wir beide auf unsere Figur achten müssen, legen wir ab und zu harte Diättage ein. Dann bedient er sich allerdings am Katzenfutter. Er mag unsere Katzen – aber sie ihn nicht, sie halten ihn für eine überflüssige Er-

↖ Die Deckenlampe im Arbeitszimmer stammt aus einem tschechischen Schloss.
← Wehe, jemand schleicht durch den Garten …

↖ *Im Wintergarten: wasserfarbene Wand, wasserfarbener Teppich.*
↑ *Was für ein Glück! Kuscheln mit Emil auf dem Sofa.*
← *Das Rückteil des Bettes hat Patricia Riekel bei einem Blumenhändler gekauft – es ist ein altes Balkongitter.*

↑ *Emil hat am langen Esstisch Platz genommen. Im Hintergrund: ein Fenster aus einem französischen Schloss, das in einen Spiegel umfunktioniert wurde.*
→ *Zu Patricia Riekels Haus am See gehört ein Steg – schöner kann man es nicht haben.*

findung der Natur.«
Emil fühlt sich im Haus am See sehr wohl. »Er liebt Wasser. Unser Schönstes ist es, früh schwimmen zu gehen oder mit dem Kajak rauszufahren. Da ist es ganz still. Nur ein paar Fische springen vielleicht aus dem Wasser. Und du hast das Gefühl,

»Wissen Sie, das ist das Einzige, auf das ich hingearbeitet habe: ein Haus am See, ein Steg, Bücher und Tiere.«

du bist Teil des Sees, das ist magisch.«
Unter der Woche lebt sie mit Helmut Markwort, ihren Katzen und natürlich Emil im Münchner Herzogpark. Der Name des Stadtteils ist auch der Titel einer Fernsehserie, an der sie gerade arbeitet. Und bald erscheint ihr Buch »Wer bin ich, wenn ich nichts mehr bin« im Heyne Verlag. »Ich schreibe unter anderem über altersgerechtes Wohnen.« Sie schmunzelt. »Und dabei ist mir aufgefallen, dass meine Badewanne, von der aus ich an guten Tagen die Zugspitze sehen kann, so gar nicht altersgerecht ist ...« Jetzt will Emil nach draußen. Erst in den Garten, zu der Mini-Datsche, die Patricia Riekel im Internet bestellt hat. Und dann auf »seinen« Steg. Sein Frauchen folgt ihm artig. »Wissen Sie, das ist das Einzige, auf das ich hingearbeitet habe: ein Haus am See, ein Steg, Bücher und Tiere.«

Undercova

PATRICIA RIEKEL

Meine Erfahrungen

JEDEM ANFANG WOHNT EIN ZAUBER INNE …

»Das erste Jahr mit Emil war wirklich eine Herausforderung. Es heißt ja eigentlich: Ein Welpe bleibt immer bei Ihnen – beim Spazierengehen zum Beispiel. Emil? Nicht. Dann rät einem jeder, der meint, Ahnung zu haben: »Sie müssen in die andere Richtung gehen, dann läuft Ihr Hund Ihnen hinterher.« Emil? Nicht. Wann immer wir allerdings mit einem Hundetrainer unterwegs waren, folgte er wie ein Soldat – und die fragten mich dann: »Was sollen wir ihm denn noch beibringen? Er kann ja alles.«

GEMEINSAM SCHLANK

»Emil frisst natürlich das am liebsten, was ich auch gerne esse. Da wir beide auf unsere Figur achten müssen, legen wir ab und zu harte Diättage ein. Dann bedient er sich allerdings am Katzenfutter.«

Liebes-Momente

»Emil ist ein Surfer. Er liebt Wasser, fährt mit mir Kajak und er mag Stand-up-Paddling. Zu den schönsten Dingen bei einem Haus am See gehört es, früh schwimmen zu gehen oder mit dem Kajak rauszufahren. Da ist es ganz still. Nur ein paar Fische springen vielleicht aus dem Wasser. Und du hast das Gefühl, du bist Teil des Sees, das ist magisch.«

Künstler
Künstler
Reclam

TEXT MARIANNE VON WALDENFELS, JENNIFER DIXON
FOTOS JULIA MARIE WERNER

Tatsächlich … Liebe

Der Bayerische Gebirgsschweißhund George vergöttert seine Besitzerin, die erfolgreiche Lederwaren-Unternehmerin Eva-Maria Blum. Und liebt seine vierbeinigen Freunde. Was ihn auf die Palme bringt? »Wenn der Fuchs unserem Garten nachts einen kurzen Besuch abstattet«, verrät sein Frauchen.

Zeitlos-elegante Taschen von höchster Qualität – dafür steht Eva-Maria Blum mit ihrem außergewöhnlichen Lederwarenlabel BLUMBAG (blumbag.com), das sie 2015 gegründet hat. Sie setzt auf italienische Handwerkskunst, einen clean-schicken Look und feinstes Leder, ihre anspruchsvollen Kundinnen sind nicht auf der Suche nach der nächsten It-Bag, sondern nach einer Tasche, die bleibt.

↖ Wasser, marsch! Unternehmenrin Eva-Maria Blum und George verbringen viel Zeit an den Ufern des Starnberger Sees.
←← George wartet nach dem Spazierengehen brav neben der Wasserpumpe.
← Im stilvollen Eingangsbereich des Hauses wurden mit Farben Akzente gesetzt.

Und die man zu den verschiedensten Gelegenheiten tragen kann. Die neueste Kreation der studierten Betriebswirtin heißt »The George« – benannt nach ihrem wunderbaren vierbeinigen Gefährten George, einem Bayerischen Gebirgsschweißhund mit hirschrotem Fell und Ohren bis zur Nasenspitze.

»George kam vor fünf Jahren als Welpe zu uns«, erzählt die Unternehmerin. »Er ist ein totaler Charakterkopf, ich habe ihn jagdlich abgerichtet. Neben viel Liebe, Spiel und Spaß braucht er viele Aufgaben und stets Steadiness-Training, denn er liebt es zu arbeiten. Er versteht sich gut mit seinen vierbeinigen Freunden aus der Nachbarschaft und ist ein absolutes Rudeltier. Wenn ein Familienmitglied auf Reisen oder unterwegs ist, merkt man ihm das an seiner leicht gedämpften und nachts unruhigen Stimmung an.«

Eva-Maria Blums ausgeprägtes Gefühl für Stil und Design findet sich auch in ihrem Haus am Starnberger See wieder, in dem sie mit ihrem Mann lebt. »Ich mag es warm, zeitlos und elegant – und ich liebe den Mix aus klassisch und modern. Unsere Kaminecke ist einer meiner Herzensplätze in unserem Haus. Und die Küche. Ich entspanne beim Kochen und bin sehr gerne Gastgeberin.«

Die Unternehmerin beweist auch bei ihrer Einrichtung viel Fingerspitzengefühl und Einfallsreichtum. »Eines meiner Lieblingsstücke ist zum Beispiel eine antike Giardiniere aus meinem Elternhaus, die ich in eine Bar umgewandelt habe.« Und Georges Lieblingsort in seinem Zuhause? »Er hat es gerne gemütlich und liegt entweder in der warmen Mittagssonne draußen oder vor dem lodernden Kaminfeuer. Dort spielt er oft mit seinem Stoffhasen oder Waschbären. Was ihn allerdings völlig auf die Palme bringt, ist, wenn er von hier aus durchs Fenster den nächt-

> »Wenn ein Familienmitglied auf Reisen oder unterwegs ist, merkt man ihm das an seiner leicht gedämpften und nachts unruhigen Stimmung an.«

↑ *George hat es sich auf dem Teppich im Schlafzimmer gemütlich gemacht.*
→ *Klassiker: Vor dem brennenden Kamin liegt der Bayerische Gebirgsschweißhund besonders gerne.*

lichen Besuch vom Fuchs aus dem Wald auf »seinem« Rasen beobachtet. Oder wenn die Mäuse vor seinem Fenster auf und ab flitzen.«
Eva-Maria Blum ist, wenn nicht gerade Corona das Leben beherrscht, viel unterwegs: zu den Produktionsstätten in Italien, denn jede Tasche kontrolliert sie in der Produktion selbst, und zu den Modemessen und Trunkshows, auf denen sie ihre Taschen im kleinen, exklusiven Kreis verkauft. »Deswegen kennt George es von klein auf zu reisen, er fährt sehr gerne Auto. Da ich normalerweise im 2- bis 4-Wochen-Takt in die Produktion in die Toskana muss und George im Gründungsjahr der Firma in unser Leben kam, ist er damit aufgewachsen. Wenn der Kofferraum von meinem Auto offen steht, dauert es keine zwei Sekunden und George sitzt sofort drin, damit bloß keine Tour ohne ihn stattfindet. Sobald sein Halsband – natürlich aus grünem BLUMBAG-Leder – angelegt wird, weiß er, es geht los.«

»Er hat es gerne gemütlich und liegt entweder in der warmen Mittagssonne draußen oder vor dem lodernden Kaminfeuer.«

Wie reist man am bequemsten mit Hund? »Wichtig ist es, immer sein gewohntes Umfeld, sprich Körbchen, Decke, Lieblingsspielzeug dabeizuhaben. Kurze Strecken fährt George im Kofferraum auf einer dicken Pferdedecke mit, bei langen Strecken in einer Box, die schützt ihn auch zusätzlich. Ganz wichtig: den Reisepass nicht vergessen, wenn es mal wieder zum Kaffee an eine italienische Raststätte geht und die

Carabinieri auf uns aufmerksam werden.« Wie bitte? Die Polizei?

»Eine meiner ersten BLUMBAG-Trunkshows war in Zürich. George war gerade vier Monate alt und wirklich noch klein, mit ganz langen Ohren. Trotz sämtlicher Papiere für Zoll und Abfertigung wurden wir am Schweizer Grenzübergang kontrolliert und beim kleinen, noch sehr welpenhaften George wurde sogar unter seiner Decke in der Box geschaut, ob sich dort noch Leder oder Gelder befinden. Ende gut, alles gut, aber die großen Augen von George, während der Zoll bei ihm in der Box sogar die Decke umdreht, werde ich nie vergessen.«

~

»Eines meiner Lieblingsstücke ist zum Beispiel eine antike Giardiniere aus meinem Elternhaus, die ich in eine Bar umgewandelt habe.«

~

↖ George vor der zur Hausbar umfunktionierten antiken Giardiniere, die aus Eva-Marias Elternhaus stammt.

← Einzigartiger Wandschmuck im Treppenaufgang zum ersten Stock, ein elegantes Hermès-Carré.

↖ *Eva-Maria setzt bei der Einrichtung auf besondere Details und Sammlerstücke.*
↑ *Die Terrasse des Hauses ist kreisförmig angelegt.*
← *Die Unternehmerin liebt es, am Herd zu stehen. Und die Küche ist natürlich auch Georges bevorzugtes Revier.*

EVA-MARIA BLUM

Meine Erfahrungen

WARUM WIR EINEN BAYERISCHEN GEBIRGSSCHWEISSHUND GEWÄHLT HABEN

»Diese Rasse hat ein ganz tolles Gemüt. George ist zu Hause tiefenentspannt, sobald es rausgeht, wird der Schweißhund in ihm geweckt und dann geht es immer der Nase nach. Gemeinsam verbringen wir gern viel Zeit in den Bergen, seiner Heimat.«

Liebes-Momente

»Seit dem ersten Tag habe ich mich neben George auf den Boden gelegt und ihm stets seinen Namen zugeflüstert, denn er kam ja nicht gleich als ›George‹ zur Welt. So ging es dann ruckzuck, dass er auf seinen Rufnamen reagiert und gehört hat und wir gleichzeitig eine gemütliche Kuscheleinheit hatten.«

AUSLASTUNG

»George ist ein totaler Charakterkopf, ich habe ihn jagdlich abgerichtet. Neben viel Liebe, Spiel und Spaß braucht er immer Aufgaben und stets Steadiness-Training, denn er liebt es zu arbeiten.«

TEXT MARIANNE VON WALDENFELS, JENNIFER DIXON
FOTOS JULIA MARIE WERNER

Cooper – the King of Cool

Johnny Talbot und Adrian Runhof sind ziemlich verschieden – und ergänzen sich deswegen perfekt. In einem ist sich das weltberühmte Designerduo allerdings einig: »Frei nach Loriot: Ein Leben ohne Border Terrier ist möglich, aber sinnlos.«

COLOURBOX

Johnny Talbot und Adrian Runhof gehören zu den internationalen Stars der Modebranche. Ihre luxuriösen, femininen Kleider werden von Celebrities wie Kristen Stewart, Helen Mirren und Angelina Jolie weltweit auf den roten Teppichen getragen. Sie kreieren wunderschöne Looks mit weiblichen Silhouetten, die jeder Figur schmeicheln. Außerdem werden ihre Kreationen für ihre perfekten Passformen, extravaganten Details und ihre stilvolle Sinnlichkeit gefeiert.

↖ Cooper liebt es gemütlich – natürlich schläft er bei seinen Herrchen im Bett!
←← Literarische Showtime: Johnny und sein Partner Sebastian sind leidenschaftliche Leser.
← Holzklasse: Am eleganten Esstisch bewirtet das Paar gerne und oft Freunde.

Die beiden sind ein eingespieltes Team. Pardon, Trio, wenn man Cooper, den Border Terrier, dazunimmt. »Cooper ist am 22. April 2012 in Schrobenhausen geboren. Trotz seines schottischen Erbes ist er durch und durch bayerisch«, erklärt Johnny Talbot. Und lächelt breit. »Cooper ist sich der Tatsache, dass er ein Hund ist, allerdings völlig unbewusst und betrachtet sich zumindest als gleichwertig, wenn nicht sogar als überlegen.«
Privat sind Johnny und Adrian zwar schon lange kein Paar mehr, doch die Verantwortung für Cooper teilen sie sich. Johnny, der in Nashville im US-Staat Tennessee aufgewachsen ist, ist schon von Kindesbeinen an ein großer Hundefreund. »Ich bereue es, dass ich mir nicht schon viel früher einen Hund angeschafft habe«, erzählt er, während Cooper es sich genüsslich auf seinem Schoß bequem gemacht hat. »Als Kind hatten wir in unserer Familie immer Hunde: Buffy, den Collie, Major, den Dackel, Buttons, den Schnauzer .... Im Jahr 2011 sind wir in eine Wohnung direkt über unserer Firma in der Klenzestraße in München gezogen. Sebastian, mein Partner und Coopers zweiter Papa, wohnte zu dieser Zeit in Hamburg, also dachte ich, ein Hund wäre die perfekte Ablenkung. Ich besprach meinen Plan mit Eric, Adrians Partner und Coopers drittem Papa, der kurz vorher in New York einen Border Terrier gesehen hatte. Eric fand eine Züchterin in der Nähe von München. Wir trafen Cooper zum ersten Mal, als er vier Wochen alt war, und verliebten uns sofort.«

»Ich bereue es sehr, dass ich mir nicht schon viel früher einen Hund angeschafft habe.«

Johnny Talbot und Adrian Runhof lernten sich 1990 in München kennen, 1992 gründeten sie ihr Modelabel. Runhof hat BWL studiert und stammt aus einer Modeproduzenten-Familie, Johnny Talbot ist eigentlich Ingenieur. Während er von den aufregenden Anfängen des Labels spricht,

↑ Ziemlich beste Freunde: Johnny Talbot und Border Terrier Cooper.
→ »Cooper hat nicht besonders viel Humor«, verrät sein Herrchen. »Und – ganz wichtig: Seine Mahlzeiten müssen pünktlich serviert werden!«

blickt ihn Cooper interessiert an. Die Wände des Apartments zieren bunte Kunstwerke, eines der außergewöhnlichsten: ein überdimensionales Bild der Künstlerin Hanne Bee. Die zweistöckige Wohnung, die Johnny mit seinem Partner Sebastian Stein im Münchner Glockenbach-Viertel bewohnt, haben die beiden Literaturfans in einem einzigartigen Mix aus glamourös und lässig eingerichtet – gemütlich und farbenfroh, mit unzähligen kleinen Schätzen. Wie zum Beispiel der »Ruth Bader Ginsburg«-Tapete im Gästebad, die Johnny bei Spoonflower gefunden hat. Oder dem Bild von Cooper, das die Hamburger Grafikerin Gabriele Dünwald kreiert hat. Wo ist eigentlich Coopers Lieblingsplatz in der Wohnung? »Wo auch immer wir sind. Wenn wir auf dem Sofa sitzen, dann möchte er direkt neben uns liegen. Und wenn er genug Körperkontakt hatte, zieht er sich in sein Körbchen zurück, das wir unter einen Stuhl neben dem Sofa gestellt haben … es ist seine kleine Höhle.«

Wer Cooper trifft, schließt den fröhlichen kamelfarbenen Terrier sofort ins Herz.

Wer Cooper trifft, schließt den fröhlichen kamelfarbenen Terrier sofort ins Herz. Er freut sich über die Gäste und scheint jedes Wort, das über ihn gesprochen wird, zu verstehen. Dass dieses niedliche Tier irgendjemandem die Zähne zeigt – unvorstellbar. Oder? Johnny Talbot grinst. »Oh, da gibt es einige. Zum Beispiel Pauli, der wohnt über unserem Münchner Büro. Beppo – der lebt in der Wohnung unter Adrians und Erics Apartment. Alle männlichen, unkastrierten Hunde. Alle großen Hunde, egal ob männlich

oder weiblich. Alle Möpse, er hält sie, glaube ich, für Katzen. Skateboards, Rollerblades, Roller …« Dieser liebevolle, kleine Hund? Kaum zu glauben. Doch dann berichtet Johnny, wie die Wachsamkeit des schlauen Border Terriers Adrian und Johnny und ihre Partner vor Schlimmerem bewahrt hat.

»Wir hatten ein Haus auf Ibiza gemietet. Und ja, wir kennen die Geschichten von Verbrecherbanden, die nachts in die Häuser einbrechen, die Bewohner im Schlaf mit Chloroform betäuben und ihre Sachen stehlen … In einer der letzten Nächte unseres Sommerurlaubs 2019 schliefen wir; es muss gegen drei oder vier Uhr morgens gewesen sein, als die Schlafzimmertür aufflog. Cooper bellte wie verrückt. Und knurrte. Wir dachten zuerst, okay, es ist ein altes Haus … der Wind … was auch immer … Sebastian stand auf, schloss die Tür und ging zurück ins Bett. Nach Coopers 7-Uhr-Fütterung war klar, dass fremde Menschen im Haus gewesen waren. Dass jemand wahrscheinlich gerade hinter der Tür gestanden hatte, als Sebastian aufgestanden war, um die Tür zu schließen. Gute Arbeit, Cooper!«

Johnny Talbot, dessen Mutter unter anderem für Dolly Parton schneiderte, blickt seinen Hund stolz an. Und der genießt es sichtlich, im Mittelpunkt zu stehen. Was er ebenfalls tut, sobald wir mit ihm die elegante Boutique des Labels in der Münchner Theatinerstraße betreten. Er ist hier natürlich Stammgast. »Cooper flirtet sehr gerne mit unseren Kundinnen. Sein größtes Anliegen ist, deren Handtaschen zu inspizieren – und potenzielle Snacks zu konfiszieren«, verrät sein Herrchen.

↖ Über dem Sofa thront ein farbenfrohes Gemälde der Künstlerin Hanne Bee.

← Cooles Statement: die Tapete mit Motiven der legendären Richterin Ruth Bader Ginsburg.

↖ Wer hat sich denn da ins Schaufenster geschlichen …

↑ Pet-Boss: Cooper hat auch in der Boutique alles im Blick.

← Die Hunde-Papas Johnny Talbot und Adrian Runhof mit ihrem Herzenshund Cooper.

JOHNNY TALBOT

Meine Erfahrungen

EIN HUND, ZWEI HAUSHALTE

»Cooper verbringt die meiste Zeit in unserer Wohnung in München. Eric und Adrian wohnen nur drei Minuten entfernt, sodass Cooper gelegentlich dort übernachtet. Und in jeder Wohnung hat er das gleiche Bett, das gleiche Spielzeug und bekommt natürlich das gleiche Essen.«

Liebes-Momente

»Cooper kann eine Brezel aus Kilometern Entfernung riechen. Es ist sein absoluter Lieblingssnack. Jeden Samstag und Sonntag bereiten Sebastian und ich ein üppiges Frühstück für uns zu. Es ist jedoch Coopers unveräußerliches Recht, die verschlungenen Arme unserer Brezeln zu essen.«

STILVOLL UND HUNDEGERECHT WOHNEN

»Es ist wichtig für einen Hundebesitzer, Regeln aufzustellen und dabei standhaft zu bleiben. Aber wir haben auch großes Glück gehabt. Cooper hat irgendwie von Anfang an verstanden, was unseres ist und was seines. Er seziert zwar genüsslich sein neuestes Stofftier oder gräbt ein imaginäres Loch in sein Bett, aber er würde nie auf die Idee kommen, die Möbel zu zerkratzen oder an einem unserer Schuhe zu knabbern.«

AND
6 WOMEN
1 WOMAN
LEFT THE

TEXT MARIANNE VON WALDENFELS, JENNIFER DIXON
FOTOS JULIA MARIE WERNER

Hochherrschaftliches Hundeglück

Wer Robert Freiherr von Süsskind und seine Ehefrau Sabine auf Schloss Dennenlohe mit seinem prachtvollen Landschaftspark besucht, verliert innerhalb von Sekunden sein Herz: an die fünf Airdales und den Lakeland Terrier der Familie.

Die wahren Herrscher des malerischen Schlosses Dennenlohe in Mittelfranken? Das sind nicht die unglaublich sympathischen Besitzer, Robert und Sabine von Süsskind. Sondern ihre sechs Hunde: fünf bezaubernde Airdales und ein Lakeland Terrier.

↖ In bester Gesellschaft: Lakeland Terrier Bailey mit seinen Airdale-Freunden.
←← Das wunderbare Barockensemble Schloss Dennenlohe liegt im Herzen des Fränkischen Seenlandes.
← Auch wenn Sabine Freifrau von Süsskind ihren Computer aufklappt, weichen ihre Hunde nicht von ihrer Seite.

»Wir haben seit unserer Verlobung Airdales«, erzählt Sabine Freifrau von Süsskind. »Aktuell Paule aus unserem dritten Wurf, er ist fast 13. Line (3) und die Welpen Enys, Lotte und Yodine, sie sind gerade 6 Monate alt. Außerdem – in lebenslanger Pflege wegen schlechten Stadtbenehmens – Bailey, einen Lakeland Terrier. Er ist 7.«

Mit nur 25 Jahren übernahm Robert, der achte Freiherr von Süsskind, das Schloss, eines der schönsten Barockensembles im süddeutschen Raum, das zwischen Dinkelsbühl und Gunzenhausen liegt. Seit 1994 an seiner Seite: seine Ehefrau Sabine, gemeinsam haben sie die Zwillinge Emilie und Victor. Warum sich das Paar für die Hunderasse Airdale begeistert? »Sie sind verspielt, eigenständig, anhänglich und ruhig. Wir haben uns für Airdales entschieden, weil sie sich gut in einer Gruppe halten lassen, anders als Foxterrier. Und sie sind angenehm lässig im Umgang mit anderen Hunden«, schwärmt die Schlossherrin, während es sich die Hunde um sie herum bequem gemacht haben. Die Tiere sind ihre ständigen Begleiter, folgen ihr in jedes Zimmer des Schlosses.

Erbaut wurde das Ensemble ab dem Jahr 1734 für einen kaiserlichen Rat vom Architekten Leopoldo Retti, der den süddeutschen Barock mitgeprägt hat. Schon Königin Luise von Preußen hat hier übernachtet. Bei der Restaurierung der Innenräume orientierte sich das Ehepaar Süsskind so gut es ging am Originalzustand von 1734. Im Speisesaal wurde zum Beispiel der ursprüngliche türkise Anstrich freigelegt, im prachtvollen Speisezimmer kann man Wandmalereien aus dem 19. Jahrhundert

> Mit nur 25 Jahren übernahm Robert, der achte Freiherr von Süsskind, das Schloss, eines der schönsten Barockensembles im süddeutschen Raum, das zwischen Dinkelsbühl und Gunzenhausen liegt.

und einen gewaltigen Empire-Kronleuchter bewundern. Ein ähnlich beeindruckendes Exemplar thront über dem Frühstückszimmer, einem der Lieblingsorte der Hunde im Schloss, das in rostrotem Rouge de Venise gestrichen ist.

↑ *Im gemütlichen Salon mit deckenhohen Bücherregalen steht ein Sofa mit Laura-Ashley-Bezug.*
→ *Im Musikzimmer hängt neben dem alten Ofen ein Werk der Kölner Künstlerin Rune Mields. Es heißt »Cello«.*

»Zum Schlafen gehen sie allerdings ins Ankleidezimmer und ins Schlafzimmer, aber sie wechseln oft. Nur Line schläft immer unter dem Bett.« Line hat auch ein ganz besonderes Spielzeug. »Einen langen Wurm mit Buchstabenfüßen zum Lesenlernen. Den haben jetzt ihre Kinder geerbt. Aber Airdales spielen nicht so sehr, das wird ihnen schnell langweilig. Besonders gern gehen sie natürlich mit mir in den Garten und suchen Mäuse.«
Viele der Möbel, die das Haus schmücken, stammen aus der Empirezeit, einiges aber auch von Reisen, die das Ehepaar unternommen hat. »Unser Zuhause ist eine Mischung aus Empire, Biedermeier und Barock, gemischt mit einigen modernen Stücken«, erzählt Sabine von Süsskind. So hängt zum Beispiel im Musikzimmer neben dem alten Ofen ein Bild der Künstlerin Rune Mields. Außerdem sammelt die Hausherrin alte Spiegel.

Viele der Möbel, die das Haus schmücken, stammen aus der Empirezeit, einiges aber auch von Reisen, die das Ehepaar unternommen hat.

Der wundervolle Park des Anwesens mit seinen malerischen Wasserläufen, Moorflächen, amerikanischer Prärie, Rosenberg, verschlungenen Pfaden, verwunschenen Ecken und kleinen romantischen Bauwerken ist weit über die Grenzen Deutschlands hinaus bekannt. Er steckt voller Überraschungen wie etwa dem Glücks-Lehrpfad und kann von April bis Ende Oktober

besichtigt werden. Der ganze Stolz des »grünen Barons« Robert von Süsskind ist ein wahres Wunderwerk. 99 Prozent aller Pflanzen hat er selbst gepflanzt. Highlights für Hundebesitzer sind jedoch die Hundespieltage, an denen ihre geliebten Tiere ohne Leine und nach Herzenslust im weitläufigen Park herumtoben dürfen.
Auch Sabine von Süsskind hat einen grünen Daumen. Ihr Lieblingsplatz ist der Bhutantempel im Park. Er wurde in Bhutan vorgefertigt und im mittelfränkischen Schlosspark 2014 von fünf Handwerkern wiederaufgebaut. Sie initiierte das Bayerische Gartennetzwerk und den Deutschen und Europäischen Gartenbuchpreis, der hier jährlich verliehen wird. Und in der Alten Schmiede hat sie eine Gartenbuchbibliothek mit über 9000 Bänden eingerichtet. Außerdem vertreibt sie den köstlichen Green Baron Garden Gin. Und ihr eigenes Gourmet-Bio-Hundefutter Miss Nellie, ohne Konservierungsstoffe und im wiederverwertbaren Glas – das Lieblingsfutter ihrer eigenen Hunde. Sonst sind die sechs nämlich eher heikel mit dem Fressen.
Kleiner Tipp: Die Süsskinds nehmen auch Hausgäste auf *(dennenlohe.de)* – man kann sich in einem der stilvoll eingerichteten Apartments oder Gästezimmer einmieten und das Frühstück im Gartensaal oder bei schönem Wetter auf der Schlossterrasse genießen.

↖ Die Hauptrolle im Schloss? Spielen natürlich die Hunde!
← Schloss Dennenlohe ist seit 1825 im Besitz der Familie Süsskind.

↖ Das Speisezimmer mit prachtvollen Wandmalereien und originalem Eichen-Seekiefer-Parkett.
↑ Schau mir in die Augen, Kleiner …
← Lakeland Terrier Bailey im Park des Anwesens.

SABINE UND ROBERT VON SÜSSKIND

Unsere Erfahrungen

AIRDALES SIND PERFEKT FÜR UNS, WEIL …

»… sie sich gut in einer Gruppe halten lassen, anders als Foxterrier. Und sie sind angenehm lässig im Umgang mit anderen Hunden.«

Liebes-Momente

»Ein Leben ohne Hund? Schwer vorstellbar. Weil niemand neben einem ist, der sich tagtäglich freut, wenn man sich um ihn kümmert. Wenn man wieder nach Hause kommt oder mit ihm ins Auto steigt. Oder in den Garten oder ins Büro geht.«

STILVOLL UND HUNDEGERECHT WOHNEN – GEHT DAS?

»Ja klar. Hunde machen zum Beispiel den Boden dreckig, wenn sie aus dem Garten kommen. Mein Tipp: Parkett und Solnhofener Marmor statt Teppichen. Und wenn Sie sich einen Teppich kaufen, dann einen dunklen. Wir haben einen schwarzen in der Bibliothek. Hunde beißen gerne ab und zu antike Tische an, wenn sie klein sind. Danach hat man allerdings zehn Jahre Ruhe und kann alles einrichten, wie man will.«

TEXT MARIANNE VON WALDENFELS, JENNIFER DIXON
FOTOS JULIA MARIE WERNER

Zu Besuch in Peanuts Paradies

»Fang mich doch … ist ihr absolutes Lieblingsspiel«, erzählen Hit-Gigant Thomas Anders und seine Ehefrau Claudia von ihrer lustigen Dackel-Mischlings-Hündin. »Unser Wohnzimmer oder der Garten ist dann der Parcours.«

DOG
TOYS

Er ist einer der weltweit erfolgreichsten deutschen Sänger – sie eine charismatische Geschäftsfrau. Zuletzt schoss Thomas Anders mit Florian Silbereisen auf Platz eins der Charts. Und Claudia Anders, die früher als Fremdsprachenassistentin arbeitete, hat sich mit ihrem Unternehmen Home & Dogs (home-and-dogs.com) einen Namen gemacht. Das herrlich entspannte Power-Paar hat ein riesiges Herz für Hunde.

↖ Hingucker im stilvoll dekorierten Wintergarten: die Goldenen Schallplatten von Thomas Anders, die über dem Kamin hängen.
←← Peanut sucht in ihrem Spielzeugkorb nach ihrem Lieblings-Kuscheltier.
← Claudia und Thomas Anders haben Peanut aus dem Tierschutz adoptiert. Sie kommt aus Spanien.

Ihr niedlicher Dackel-Mischling stammt aus dem Tierschutz. »Unsere Peanut wurde aus einer spanischen Tötungsstation gerettet. Laut unserem Tierarzt ist sie etwa dreieinhalb Jahre alt. Wir haben sie Ostern 2019 im Internet bei einer seriösen Tiervermittlungsagentur *(hunde-ohne-lobby.de/Franz von Assisi Hundenothilfe e. V.)* entdeckt und uns gleich in ihr liebes Gesicht verliebt. Sie kam erst nach Thüringen, in eine Pflegefamilie. Dort haben wir sie gemeinsam mit unserem Sohn Alexander abgeholt«, erinnert sich Claudia Anders. Ihren Namen hat sich die Hündin gleich in der ersten Nacht verdient. »Sie war sehr ausgehungert. Als wir am nächsten Morgen aufwachten, entdeckten wir als Erstes, dass die kleine Silberschale, die meistens mit Erdnüssen gefüllt ist, auf dem Boden lag und komplett leer gefuttert war. »Peanut«, ermahnten wir sie liebevoll, »ihr Name war in dem Moment zu 100 Prozent Programm und damit besiegelt! Laut Thomas sieht die kleine Dackel-Mischlings-Hündin ohnehin so aus wie eine kleine Erdnuss, sie liebt es bis heute, Erdnüsse zu stibitzen.«
Thomas und Claudia Anders sind seit 24 Jahren ein Paar, seit 12 Jahren leben sie in ihrem Haus in Koblenz. Beide haben ein Faible für schöne Dinge. Und haben sich eine stilvolle Oase geschaffen, perfekt zum Auftanken in Zeiten von Termindruck, Hektik und Stress. »Ich würde unseren Wohnstil als ‚belgischen Landhausstil' beschreiben, mit Einflüssen der Hamptons«, erklärt Thomas Anders. »Wir mögen beide warme Erd- und helle Cremetöne. Den Wintergarten

»Laut Thomas sieht die kleine Dackel-Mischlings-Hündin ohnehin so aus, wie eine kleine Erdnuss, sie liebt es bis heute, Erdnüsse zu stibitzen.«

dekorieren wir allerdings im Sommer gerne mit blau-weißen Kissen, schönen Korallen, Windlichtern und interessanten Interior-Coffeetable-Books, dazu als Designelement blau-weiße

chinesische Deckel-Vasen aus Porzellan in verschiedenen Größen«, ergänzt seine Ehefrau, die auch als Mode-Botschafterin für das Münchner Fashionlabel ›Martha with Love‹ arbeitet. Der Lieblingsplatz des Hausherrn? »Das ist je nach Tageszeiten und auch Jahreszeiten unterschiedlich. An einem freien Sonntagnachmittag sitze ich gerne im Wohnzimmerbereich mit einem interessanten Buch, abends im Wintergarten am Kamin. Und im Sommer vorwiegend auf der Terrasse bei einem guten Glas Wein.« Sein liebstes Stück? Natürlich sein Flügel.

»Ich mag unsere Küche ganz besonders«, verrät seine Ehefrau. »Hier sitze ich im Homeoffice am liebsten und arbeite meine E-Mails ab, ohne dabei die Bedürfnisse der Familie aus den Augen zu verlieren. Welches Stück ich in unserem Haus am meisten schätze? Unser Gemälde des bereits verstorbenen Düsseldorfer Malers Norbert Tadeusz, ein Bild aus der ›Cavallo‹-Serie. Thomas und ich haben beide jedes Mal ein positives Gefühl, wenn wir an diesem großen Kunstwerk vorbeigehen. Es zeigt einen Jockey auf einem Pferd mit einem dominierenden gelben, sonnigen Hintergrund.«

Peanuts Hundekorb steht gleich an der Haustreppe, ganz in der Nähe der Eingangstür. Dort hat sie immer im Blick, wer kommt und wer geht.

← Das Haus der Familie ist in warmen Erd- und hellen Cremetönen eingerichtet.

↗ Morgens liest Peanut in der Regel mit Claudia Anders in der Küche die Zeitung.

→ Claudia Anders hat besonders gesundes Hundefutter entwickelt, das sie in ihrem Shop Home & Dogs verkauft.

↑ *Peanut liebt es zwar, im Garten zu toben, schätzt aber auch ihre morgendlichen Gassi-Runden sehr.* → *»Sie ist ein unheimlich fröhlicher, pflegeleichter Hund«, schwärmt Claudia Anders von ihrer Dackel-Mischlings-Hündin.*

»Morgens liegt sie gerne in der Küche, hinter mir auf dem (Hoch-)Stuhl, ganz nah an meinem Rücken oder an der Seite, wenn ich meinen ersten Kaffee trinke und die Zeitung lese«, verrät Claudia Anders. »Sie springt wirklich aus dem Stand auf den Hochstuhl. Wir waren am Anfang alle total überrascht über dieses Kunststück. Und wussten zunächst auch nicht, ob wir das ‚erzieherisch' durchgehen lassen sollten. Inzwischen passe ich aber immer auf, wenn sie springt, damit ihr nichts passiert. Darf die fröhliche Hündin denn aufs Bett? »Offiziell natürlich nicht …«, Claudia Anders lacht. »Thomas mag das nicht so gerne. Aber für mich drückt er häufig ein Auge zu, wenn sie sich dann doch am Bettende an unsere Füße kuschelt.«

Peanuts Hundekorb steht gleich an der Haustreppe, ganz in der Nähe der Eingangstür. Dort hat sie immer im Blick, wer kommt und wer geht.

Peanut begleitet die beiden natürlich oft – auf Reisen oder ins Restaurant. »Wenn wir sie dabeihaben, darf ihre Decke nicht fehlen. Sie weiß dann, dass dort, auf ihrem Rückzugspunkt, ihr ›Plätzchen‹ ist, direkt neben uns. Peanut trägt schlichte, aber stilvolle braune oder schwarze Halsbänder und Hundeleinen aus Leder. Auch für den Hund schätzen wir die Accessoires des amerikanischen Modedesigners Ralph Lauren.« Wer auf der Suche nach schönen Hunde-Accessoires ist, wird in Claudia Anders' mit viel Geschmack und Hingabe kuratiertem Shop garantiert fündig. Aber auch ihr eigenes Futter wird

OPEN

in Fachkreisen hochgelobt. »Unsere damalige Hündin Summer, ein Havaneser-Shi-Tsu-Mix, hatte eine Futterunverträglichkeit und so bin ich auf die Suche nach gesundem Hundefutter gegangen. Thomas hat mich in der Idee unterstützt. Ich wollte Futter haben, das frei von Gluten und frei von Getreide ist. Es sollte in hervorragender Lebensmittelqualität und ausschließlich im Schongarverfahren mit natürlichen Vitaminen, ohne Konservierungsstoffe, hergestellt sein. Und auf keinen Fall aus Schlachtabfällen und Sattmachern, die leider sehr oft im Handel angeboten wurden. Nach intensiver Suche fand ich deutsche Metzger, die mir in Zusammenarbeit mit Tierernährungsexperten und Tierheilpraktikern und bei regelmäßiger Laborkontrolle ein solches Futter kochen und abfüllen konnten. Heute gibt es acht verschiedene Sorten.« Der Tierfreundin ist noch ein weiteres Detail wichtig: »Was mein Hundefutter unbedingt haben sollte, waren Frischedeckel.«

Nach einem Jahr Entwicklung und Suche nach den richtigen Lieferanten und dem Aufbau eines Onlineshops kam ein wunderschön gestalteter Verkaufsraum in einem Klostergut dazu, in dem sich seit vielen Jahren das Thomas-Anders-Backoffice befindet. »Nach und nach ergänzten wir unser Sortiment zum Beispiel mit einer eigenen Hundebetten-Kollektion, die wir online Kunden und Händlern anbieten.«

Wie kann man stilvoll und trotzdem hundegerecht leben? Claudia Anders: »Zum Beispiel kann man mit natürlichen Fellen oder dekorativen Plaids auch dem Hund seine festen Plätze geben, neben dem üblichen Hundekorb.« Diese bekommt man auch in ihrem Shop. »Home & Dogs hat die Philosophie, Stil mit Funktion zu verbinden. Ich mag praktische und funktionale Accessoires, die das Zusammenleben mit Hunden einfacher und schöner gestalten. Kein Bling-Bling, sondern vielmehr nachhaltiger Understatement-Luxus für Hunde und ihre Besitzer. Ein Hund soll immer noch ein Hund bleiben dürfen – aber eben mit Stil.«

← Spielstunde! Peanut mit Frauchen bei einer ihrer Lieblingsbeschäftigungen – wer kann stärker und länger am Kuscheltier ziehen …
↓ Leben mit Hund? Eine Aneinanderreihung vieler Glücksmomente.

CLAUDIA ANDERS

Meine Erfahrungen

RITUALE IM ALLTAG

»In unserem beruflichen Alltag achten wir auf bestimmte Rituale, die für Peanut wichtig sind. Der Gassi-Gang am Morgen ist trotz ständigem Auslauf im Garten essenziell. Ein weiteres Ritual: Wenn Peanut in den Garten möchte oder spielen, macht sie sich mit einer Art ›Räuspern‹ bemerkbar. Das sorgt regelmäßig für Lacher, denn die ›Laute‹, die sie dabei macht, hören sich an, als würde sie mit uns sprechen.«

STILVOLL WOHNEN

»Stilvoll und hundegerecht zu leben muss kein Widerspruch sein. Wer keine Hundehaare mag oder Spuren von schmutzigen Hundepfoten, sollte zum Beispiel auf pflegeleichte Bodenbeläge und waschbare Textilien im Wohnbereich achten. Home & Dogs hat die Philosophie, Stil mit Funktion zu verbinden. Praktische und funktionale Accessoires, die das Zusammenleben mit Hunden einfacher und schöner gestalten.«

Liebes-Momente

»Ich genieße die besondere Verbindung und diesen Kuschelmoment beim Tageseinstieg am Morgen sehr, wenn Peanut mit ihrer Schnauze auf meinem Bein liegt oder augenscheinlich die Tageszeitung mitliest.«

TEXT MARIANNE VON WALDENFELS, JENNIFER DIXON
FOTOS JULIA MARIE WERNER

Verliebt in Victor

»Victor ist mein bester Freund«, erzählt der Modedesigner Dawid Tomaszewski. »Jeder Tag ohne ihn ist ein verlorener Tag.« Der deutsch-polnische Designer Dawid Tomaszewski startete seine Karriere in einer winzigen Werkstatt in Berlin, heute macht er mit seinen eleganten, luxuriösen Kollektionen und avantgardistischen Entwürfen auf den Laufstegen Furore.

DAWID TOMASZEWSKI

6A

Sein Sinn für Ästhetik und Stil spiegelt sich ebenfalls in seiner Berliner Altbauwohnung in Charlottenburg wider, in der er mit Victor Antonin, seinem bezaubernden polnischen Jagdhund, lebt. »Mein bester Freund besaß auch einen polnischen Jagdhund und ich fand ihn so besonders, dass ich mich für diese Rasse entschieden habe. Victor ist einfühlsam, sehr entspannt, liebevoll – und selbst mit neun Jahren noch sehr verspielt.«

↖ Auch in Dawid Tomaszewskis Atelier hat Victor seinen festen Platz.
←← Ich weiß genau, wo der Eingang zum Atelier ist!
← Der polnische Jagdhund geht in der Stadt perfekt ohne Leine.

Victor ist der erste eigene Hund des Designers. »Seit ich ein Kind war, besaßen meine Eltern immer fünf oder sechs Hunde, wir hatten einen Garten. Ein Jahr nachdem ich meine Firma gegründet habe und sesshaft geworden bin, habe ich Victor von meiner Mutter zum Geburtstag bekommen.«

Wer Dawid Tomaszewski und Victor in Berlin besucht, wird wie ein alter Bekannter begrüßt. Der Designer strahlt genau wie seine Wohnung eine lässige Herzlichkeit aus. Sein Zuhause und seinen Arbeitsplatz, das Atelier, hält er allerdings streng getrennt. »In meiner Wohnung findet ihr keinen Faden, keine Nadel und auch kein Bügeleisen«, verrät der Designer lächelnd. »Das heißt aber auch: Wenn ich etwas bügeln muss, muss ich ins Atelier fahren.« Heute steht er gut gelaunt am Herd und rührt in einem großen Topf mit duftender Bolognese, die vor sich hin schmort. Denn freitags kocht er immer für sein Team. Blickfang in der Küche neben dem eindrucksvollen Geschirrregal aus dunklem Holz: die Fornasetti-Teller an der Wand. Jeder einzelne ist ein Geschenk von Freunden, beliebte Geburtstagsgaben für den Hausherrn. Für seinen Vierbeiner ist die Küche ein bevorzugtes Revier, hier findet er immer etwas zum Schnüffeln. »Victor frisst am liebsten Wassermelone, riesige Rinderknochen oder das selbst gekochtes Futter, das ich ihm drei- bis viermal pro Woche frisch zubereite«, erzählt sein Herrchen.

»Neben der Küche ist mein liebster Platz in der Wohnung das Sofa im Wohnzimmer, mit Victor

Für seinen Vierbeiner ist die Küche ein bevorzugtes Revier, hier findet er immer etwas zum Schnüffeln.

an meiner Seite«, erklärt der Designer, während er Victor hinter den Ohren krault. Natürlich hat der fröhliche Jagdhund auch ein eigenes Kissen, auf dem er es sich so richtig gemütlich machen kann. »Mein Einrichtungsstil? Opulenter Mini-

↑ Während Herrchen stundenlang mit seinem Team an seiner neuen Kollektion feilt, schlafe ich ein wenig auf dem Teppich …
→ Dawid Tomaszewski ist berühmt für seine reduzierten Schnitte, ausgefallenen Prints und die couturige Ästhetik.

malismus. Eklektisch und strukturiert, mit vielen Erinnerungsstücken, die ich aus der ganzen Welt mitgebracht habe.« Der Modeschöpfer kauft gerne auf Flohmärkten und in kleinen, individuellen Läden ein, er hat sein Zuhause behutsam nach und nach eingerichtet und sich dabei Zeit gelassen. Bevor er nicht genau das Möbelstück, das er sich vorstellte, gefunden hatte, ließ er ein Zimmer lieber leer. Sein Wohnzimmer, ein Berliner Zimmer, besticht wie der Rest seines Zuhauses durch einen außergewöhnlichen Stilmix aus farbigen Kissen, extravaganten Lampen, Vintage-Pieces, Duftkerzen seiner Lieblingsmarke Jo Malone und cooler Kunst. Auf dem flachen Couchtisch aus dunklem Holz thronen schicke Coffeetable-Books. Und immer Vasen mit Blumen, seine Lieblingssorte: Lilien. »Manchmal dekoriere ich täglich um, manchmal nur einmal im Monat. Das macht mir unheimlich viel Spaß. Ich mag Veränderung und suche immer wieder den perfekten Platz für ein Objekt«, erzählt der

»Mein Einrichtungsstil? Opulenter Minimalismus. Eklektisch und strukturiert, mit vielen Erinnerungsstücken, die ich aus der ganzen Welt mitgebracht habe.«

Künstler, der am London College of Fashion studierte und unter anderem für Rei Kawakubo arbeitete. Auch Victors Accessoires stammen aus kreativer Hand – seine Halsbänder hat Dawids beste Freundin, die bekannte österreichische Designerin Marina Hoermanseder, gefertigt.

»Meine Wohnung ist meine Ruhe-Oase«, sagt Dawid Tomaszewski. »Mein Tisch im Esszimmer ist zum Beispiel eines meiner Lieblingsstücke und mit seiner blau-weißen Schattierung sehr speziell. Im Homeoffice kann ich dort besonders gut arbeiten.« Der lange Onyx-Tisch mit seiner Marmorierung ist auch wirklich ein echter Hingucker. »Und ich liebe meinen Balkon und chille dort gerne mit Victor. Er ist so grün wie ein Garten. Da braucht man nicht in Urlaub zu fahren.« Darf Victor dann auch in Herrchens gemütlichem dunkelgrünen Gästebett nächtigen? »Klar, hier lese ich oft, wenn er neben mir liegt. Oder wir gucken gemeinsam Netflix.« Perfect Match zur Farbe des Betts: die mattschwarzen Leuchten über dem Kopfteil. Und die Beistelltische in Gold und Marmor. Am Wochenende zieht es Victor und Dawid oft an den Wannsee. Dann radeln sie am Wasser entlang und Victor geht schwimmen. »Einmal hat er ein Tier gesehen und ist plötzlich abgehauen. Und ich habe zu spät bemerkt, dass er verschwunden war. Ich war wirklich verzweifelt. Gott sei Dank war er in der Zwischenzeit von der Polizei aufgegriffen worden – und ich konnte ihn auf dem Polizeirevier abholen.«
Wenn Dawid Tomaszewski heute daran denkt, wird er immer noch blass. Und umarmt seinen vierbeinigen Freund fest. »Victor ist mein treuester Begleiter, mein bester Freund und immer an meiner Seite. Jeder Tag ohne Victor ist ein verlorener Tag.«

↖ *Dawids absoluter Lieblingsplatz in seiner Wohnung? Das Sofa … Victor sieht das ähnlich.*
← *Genauso gerne macht er es sich allerdings auf Herrchens grünem Gästebett gemütlich.*

↖ *Dawid Tomaszewskis Wohnzimmer ist mit Schätzen aus aller Welt eingerichtet.*
↑ *An dem langen, blau marmorierten Onyx-Tisch arbeitet Dawid oft.*
← *Victor holt sich sein Kissen, damit er weich zu Dawids Füßen chillen kann.*

DAWID TOMASZEWSKI

Meine Erfahrungen

MEINE PASSION? DEKORIEREN

»Ich mag Veränderung und suche immer wieder den perfekten Platz für ein Objekt. Manchmal dekoriere ich mehrmals am Tag um, manchmal nur einmal im Monat. Das macht mir unheimlich viel Spaß.«

Liebes-Momente

»Ohne Leine in der Stadt Was man dafür vor allem benötigt – viel Geduld, etliche Leckerlis und Belohnungen. Ich habe Victor von Anfang an, seit er ein Welpe war, beigebracht, dass er auf mich achten muss. Und nun läuft er stets auf meiner rechten Seite – immer ohne Leine.«

ALLTAG IN DER STADT MIT EINEM JAGDHUND

»Bei einem Jagdhund wie Victor spielt die Erziehung eine große Rolle. Es bedeutet viel Arbeit und Mühe, den Jagdinstinkt im Alltag nicht überhandnehmen zu lassen. Außerdem habe ich meine Wohnung so ausgesucht, dass ich nicht so weit weg vom Grünen lebe und mit Victor keine weiten Wege dorthin zurücklegen muss. Wir sind gern unterwegs, zu Fuß oder auch mit dem Fahrrad.«

Short Story

TORY BURCH

Die amerikanische Designerin wird für ihre lässig-eleganten Kollektionen weltweit gefeiert. Was sie stark macht? Die Liebe zu ihrer Familie – und zu ihren beiden Hunden.

Könnten Sie uns Ihre Hunde kurz vorstellen?
»Chicken ist ein roter Pudel. Sie kam im März 2019 zu uns, als sie drei Monate alt war. Wir brauchten ein bisschen Zeit, um uns auf einen Namen zu einigen. Sie war bezaubernd, auf Anhieb eine unglaubliche Bereicherung für unsere Familie. Knapp ein Jahr später besorgten wir ihr einen Spielkameraden, und es war klar, dass er ›Slim‹ heißen musste …«

Sind die beiden sich ähnlich?
»Nein! Sie haben völlig unterschiedliche Persönlichkeiten. Chicken ist viel vorsichtiger und nachdenklicher; sie benötigt immer eine kleine Weile, um aufzutauen. Slim ist entspannter und fröhlicher, obwohl er manchmal schreckliches ›FOMO‹ bekommt. Sie sind beste Freunde. Jede Sekunde, in der sie nicht schlafen, rennen sie herum und spielen miteinander.«

Dürfen die beiden auf das Sofa oder aufs Bett?
»Ja! Wir haben ein sehr hundefreundliches Zuhause.«

Was ist ihr Lieblingsfutter?
»Leider Huhn.«

Wo schlafen Chicken und Slim?
»In der Küche, ihre Betten sind im wärmsten Raum des Hauses aufgestellt.«

Wo ist ihr Lieblingsplatz in Ihrem Haus?
»Sie wollen dort sein, wo sich die Familie gerade aufhält. In der Stadt sind wir meistens im Familienzimmer und auf dem Land so viel wie möglich draußen.«

Womit beschäftigen sich die zwei am meisten?
»Sobald mein Mann oder ich nach Hause kommen, sind sie ganz aufgeregt und rennen zur Tür. Am Ende spielen wir alle zusammen auf dem Boden. Beide lieben ihre quietschenden Frösche und wenn sie besonders brav sind, bekommen sie Knochen. Das ist ihr Höchstes!«

Was sind die wichtigsten Accessoires für Chicken und Slim?
»Chicken ist uns im letzten Jahr in New York verloren gegangen. Es war schrecklich und wir können uns so glücklich schätzen, dass wir sie wiedergefunden haben. Beide haben Fi-Tracker an ihrem Halsband, damit so etwas nie wieder passiert.«

Können Sie uns Ihre lustigsten Erlebnisse mit Ihren Hunden erzählen?
»Ich habe so viele. Sie sind wirklich urkomisch. Ich nehme die zwei mit ins Büro und wir haben viel Spaß mit ihnen im Designstudio. Und sie sehen in Halloween-Kostümen so lustig aus - einmal haben wir Chicken sogar ein Hühner-Kostüm besorgt!«

→ Die amerikanische Star-Designerin mit ihren Hunden Chicken und Slim.

Wie kann man stilvoll und trotzdem hundefreundlich leben? Haben Sie Tipps für uns?
»Der wichtigste Tipp, den ich Ihnen geben möchte, ist, dafür zu sorgen, dass alles Zerbrechliche außerhalb der Reichweite eines wedelnden Schwanzes ist. Ich sammle Porzellan und es wäre nicht so schön, wenn ein Stück aus freudigem Überschwang zu Bruch ginge … Prinzipell denke ich, ein schönes Zuhause muss sich gelebt anfühlen, man möchte, dass sich alle wirklich wie zu Hause fühlen – ob es unsere sechs Jungs oder die Hunde sind. Kein Zimmer ist tabu, nun, vielleicht gilt das nicht ganz für die Hunde.«

Warum ist ein Leben ohne Hund nur schwer vorstellbar?
»Ich sage oft, dass meine Hunde meine Therapie sind – sie sind der ultimative Sonnenstrahl und bringen Freude, wo immer sie hingehen.«

TEXT TATJANA SEEL
FOTOS ULRIKE FRÖMEL

Einfach angekommen

Wie wohnt die Frau, die jeder Hundefreund kennt? Im tiefsten Bayern, beneidenswert bodenständig! Zu Gast bei Hunden, Hühnern und Katharina von der Leyen. Wer Katharina von der Leyen begegnet, glaubt, sie schon Jahre zu kennen. Zumindest, wer Hunde mag oder hat. Ihre Reportagen, Interviews, Bücher und Kolumnen schwärmen von der Liebe zum Hund. Wer sie persönlich kennenlernen darf, geht auch mit ihren Tieren unweigerlich auf Tuchfühlung.

»Was soll ich sagen. Andere Leute sammeln alte Autos, ich finde Hunde viel lustiger, weicher, wärmer, tröstlicher und amüsanter.« Man glaubt ihr das aufs Wort. Seit gut fünf Jahren lebt die gebürtige Münchnerin im östlichsten Zipfel Oberbayerns. Ein kleines Stück nördlich strömt der Inn Richtung Donau, nicht weit davon verläuft die Grenze zu Österreich. München, die einzige Großstadt (will man sie denn so bezeichnen), ist über eine Stunde entfernt. Abgeschiedener geht nicht.

↖ Ihre Hunde überrascht Katharina von der Leyen mit Spaziergang-Varianten, das Ufer des Inn kennen und lieben sie.
←← Bei Katharina gibt es überall ein Plätzchen für die Hunde, auch vor dem Haus auf lackierten Holzpaletten.
← Zeit für Streicheleinheiten findet sich immer.

Und eigentlich wäre das auch nicht weiter erwähnenswert, denn die Sehnsucht nach einem Leben auf dem Land packt viele. Wäre da nicht Katharinas Vita.

Als Jugendliche besuchte sie ein Internat in England, nach ihrem Abitur in München lebte und arbeitete die Journalistin abwechselnd in Sydney, New York, Paris, Los Angeles, Hamburg und zuletzt Berlin. Sie publizierte in Magazinen wie der ›Marie Claire‹, ›Tempo‹, der ›Woche‹, dem ›Stern‹, ›Architectural Digest‹, ›DOGS‹ und veröffentlichte rund 20 Bücher – die meisten zum Thema Hund.

»Eigentlich«, lacht sie zur Begrüßung, »ist das hier der stillste Ort der Welt. Nur heute nicht, weil die Bauern Mais machen!« Wiesen und Felder umringen den Hof und schwingen sich scheinbar endlos bis zum Horizont. Dazwischen, wie hineingewürfelt in die üppig-grüne Agrarlandschaft, mächtige Vierseithöfe. Landwirtschaft ist das Thema. Katharina hat Hunde, viele Hunde. Einer davon ist ein Rauhaar-Galgo und scheint Besuch nicht sonderlich zu mögen, denn er bellt ohne Unterlass. »Aslan ist ein Angsthund. Als er vor einem Jahr kam, hatte er Augen groß wie Wagenräder!«, erzählt die Hundeexpertin, die jeder Gast sehr bald duzt. Mit Barthl kann man schneller Freundschaft schließen. Der Havaneser-Mischling kommt aus einer Animal-Hoarding-Situation. Größenmäßig mag er der Kleinste sein, seinem Selbstbewusstsein nach ist er eindeutig der Hansdampf in allen Gassen. »Barthl ist mein Sozialarbeiter, er liegt abwechselnd überall und schläft sich so durch«, erklärt die Rudelchefin und zwinkert dabei. Sie habe noch nie einen

> »Eigentlich ist das hier der stillste Ort der Welt. Nur heute nicht, weil die Bauern Mais machen!«

Hund getroffen, den sie nicht mag, sagt sie.
Ihre Möbelstücke kommen aus der ganzen Welt. Vintage-Sofas, ein altes Axel-Kufus-Regal, jede Menge Bücher und Erinnerungsstücke: »Das ganze Haus spricht von meinem Leben!«
Was hat die Kosmopolitin hierher verschlagen? »Im Grunde wohnten immer schon zwei Seelen in meiner Brust! Zehn Jahre habe ich versucht, Berlin zu lieben. Inzwischen sind mir schicke Cafés einfach wurscht! Wenn du wüsstest, wie unfassbar schön das hier ist, wenn du morgens aufstehst und deinen ersten Kaffee vor dem Hühnerstall trinkst ...« Ihre Garderobe, meint sie, reduziere sich im Wesentlichen auf ein Paar gute Gummistiefel. Während sie auf ihrer Hausbank sitzt, kommt Rapunzel, eine sanfte Barsoi-Hündin, vorbei, schmiegt den Kopf an ihre Beine. »Die Nachbarn waren anfangs schon ein wenig skeptisch«, erinnert sich Katharina, »aber

»Das ganze Haus spricht von meinem Leben!«

unfreundlich war niemand zu mir!«
In Berlin sei das ganz anders gewesen. Dort herrscht Leinenzwang und sie fühlte sich ständig beim Spaziergang terrorisiert. »Sie san doch die aus Berlin?«, wurde sie in ihrer neuen Heimat anfangs oft gefragt. Doch schnell hatte sich herumgesprochen, dass die neue Nachbarin nicht nur hilfsbereit – sondern auch praktisch veranlagt ist. »Meine Hunde sind ja gut erzogen und springen nicht über Tisch und Bänke!« Von Anfang an habe sie ihre Hilfe angeboten, »aber ohne mich aufzudrängen oder zu klugzuscheißern. Das hat den Leuten gefallen!«
Inzwischen macht sich Unruhe breit. Elf Hunde warten auf ihr Futter. Während Katharina in

↖ *Stilvoll wohnen geht auch mit vielen Hunden! Schön weich gepolsterte Körbe und ein kuscheliger Teppich sorgen für Hundeglück.*
← *Platz ist selbst auf dem kleinsten Kissen.*
↑ *Sogar im Gästezimmer machen es sich die Hunde gern mal auf dem grauen Quilt bequem.*

↑ Katharinas Liebe gehört ihren Hunden, ein ganz besonderer Teil davon dem Havaneser-Mix Barthl.
→ Lieblingsplätze gibt es für jeden Hund und jeder hat eine andere Geschichte. Das ganze Haus erzählt von Katharinas Leben.

der Küche die Näpfe füllt und Harry, ein italienisches Windspiel, jammert, »weil er seit elf Jahren denkt, dass er vergessen wird«, spricht sie über ihre Beweggründe, zusammen mit einer Freundin ein eigenes artgerechtes Futter entwickelt zu haben. »Meine Hunde kommen alle aus dem Tierschutz und haben eine völlig desolate Darmflora mitgebracht.« Viele, sagt sie, haben heutzutage einen eklatanten Mangel an Eisen und Zink. Wichtig sei ihr aber auch, dass das Futter nur eine Proteinquelle enthalte.

Spätestens zur Futterzeit hat jeder Gast den Überblick verloren. Wer ist Gasthund, wer Dauergast? Katharina lacht, denn so genau weiß sie das manchmal selbst nicht. Viele kommen, weil es Probleme gibt, und bleiben, weil es ihnen hier gut geht. So war es bei Jack, so war es bei Rapunzel. »Außerdem kann ich schlecht Nein sagen.«

Ihr Alltag ist dementsprechend sportlich und absolut diszipliniert, denn neben dem Schreiben, den Hunden und Hühnern muss sie sich auch ums Geldverdienen kümmern. Im Moment liegt ihr vor allem die Weiterentwicklung und Vermarktung ihres Futters am Herzen. Und wer das Glück hat, an ihrem großen Esstisch Platz nehmen zu können, stellt fest, dass sie obendrein wunderbar kochen kann. Dann erzählt sie von den Seminaren, die hier regelmäßig an Wochenenden stattfinden, denn auch da sorgt sie mit viel Liebe fürs leibliche Wohl. Zusammen mit der Hundetrainerin Inga Böhm-Reitheyer geht es um Themen wie »Leinenführigkeit« oder »Hunde aus zweiter Hand«. »Die meisten Leute«, erklärt sie, »überfordern die Neuankömmlinge total, weil sie vieles einfach gut machen wollen.« Ihr Galgo Nano, der aus dem Tierschutz kam, habe erst einmal sechs Wochen geschlafen.

Und bevor es irgendwann wieder zum großen Spaziergang an den Inn hinuntergeht, schaut Katharina im Hühnerstall vorbei. Da, wo sie morgens im Schlafanzug ihren Kaffee genießt. »Andere machen Meditation, ich habe Hunde und Hühner!«

KATHARINA VON DER LEYEN

Meine Erfahrungen

TRAINING FÜRS TEAM

»Wer im Leben mit mehr als einem Hund stets den Hut aufhaben möchte, sollte goldene Regeln beachten und Ausnahmen aus dem Alltag streichen. Zumindest so lange, bis die Regeln sitzen und der größte Querulant verstanden hat, was von ihm erwartet wird.«

EIN AUSBRECHER REICHT, UM EIN TEAM ZU UNTERGRABEN

»Der kreativste Hund ist meist für das Gruppenleben am destruktivsten. Die Gruppenmitglieder folgen dem interessanten Blödsinnmacher sehr gern, denn er hat einen Plan, und Hunde folgen immer dem, der einen Plan hat und nicht nur vor sich hin latscht.«

TEAMS HALTEN ZUSAMMEN

»Eingefleischte Gruppen sind sich ihrer Sache immer sicherer als Einzelkämpfer, weil sie sich eben untereinander Rückhalt bieten. Was tun in wiederholt schwierigen Situationen? Teilen Sie eine eingeschworene Gruppe auf und üben Sie diese Situationen erneut.«

Liebes-Momente

»Andere Menschen machen Meditation, ich habe meine Hunde und Hühner!«

TEAMS LASSEN SICH DURCH PERMANENTE WIEDERHOLUNGEN BEEINFLUSSEN

»Bei Menschen würde man sagen: ›Wer oft genug dasselbe erzählt, bekommt am Ende recht.‹ Das Einführen und Einhalten von Ritualen ist das A und O in der Hundeführung, ohne besonderen Aufwand. Haben Sie also auch Geduld mit sich selbst, bleiben Sie dran.«

TEXT MARIANNE VON WALDENFELS, JENNIFER DIXON
FOTOS JESSICA METNI

Lolas lustiges Leben im Loft

~

»Lola bringt uns täglich zum Lachen«, verrät die Westwing-Gründerin Delia Lachance über ihre Französische Bulldogge. Und die fühlt sich zum Glück auch in ihrer zweiten Heimat im kanadischen Montreal sehr wohl. Mit nur 26 Jahren gründete Delia Lachance, die damals noch Delia Fischer hieß, im Jahr 2011 ihr Möbel- und Interior-E-Commerce-Unternehmen Westwing. Ein grandioser Erfolg. Denn die ehemalige Elle-Redakteurin hatte mit ihrer Geschäftsidee genau den richtigen Riecher.

Nach sieben Jahren brachte sie das Unternehmen gemeinsam mit ihren Partnern an die Börse. Heute hat das Unternehmen 1100 Mitarbeiter in elf Ländern. Und Lachance verbringt mit ihrem kanadischen Ehemann Maxime, ihrer Tochter Sky und Hund Lola viel Zeit im kanadischen Montreal.

↖ Wow! Lola genießt den Ausblick über Montreal aus dem 17. Stock des beeindruckenden Lofts im angesagten Viertel Griffintown.
←← Innige Liebe: Lola und ihr Frauchen, Westwing-Gründerin Delia Lachance.
← Der schwarze Marmortisch und die schwarz-weißen Fotografien kreieren einen eleganten, modernen Look.

Dort hat sie sich ein entspanntes Zuhause geschaffen – ein luxuriöses Loft im 17. Stock mit gigantischem Blick über die Stadt, 220 Quadratmeter groß. In ihrer zweiten Heimat ist auch Lola glücklich angekommen. »Lola ist eine Französische Bulldogge und fünf Jahre alt. Sie ist Profi in Nickerchen zusammen machen und unheimlich lieb. Aufgrund der unverkennbaren optischen Ähnlichkeit mit einer kleinen Kartoffel ist ihr Spitzname bei uns zu Hause Potato.« Warum hat sich Delia für diese Rasse entschieden? »Zwei meiner engen Freundinnen haben Frenchies und deshalb kannte ich deren entspannten, lustigen Charakter. Da sie mein erster eigener Hund war und es klar war, dass es ein Office-Hund wird, war es mir wichtig, einen Hund zu finden, der leicht zu erziehen und sehr sozial ist. Lola ist bei mir, seit sie ein Welpe war, und konnte sich so super an alles gewöhnen.«
Delia Lachance hat ein Auge für außergewöhnliche Möbel und Arrangements, stilvolle Details und allerlei andere hübsche Dinge. Ihr Loft ist für die erfolgreiche Unternehmerin ein echter Ruhepol und strahlt eine warme Atmosphäre aus. Lachance setzt auf cosy Chic, gemütlich und trotzdem stylish. Das Herz der Wohnung ist das großzügig geschnittene helle Wohnzimmer mit seinen rostroten Samtsofas und dem riesigen silbergrauen Teppich. Darf Lola denn auch mal aufs Sofa? »Das ist einer ihrer Lieblingsplätze in der Wohnung. Im Sommer liegt sie gerne auf der Couch, wenn die Sonne warm durchs Fenster scheint. Und im Winter auf unserem Barcelona-Sessel vor dem Kamin.« Und wie sieht es mit Lola und Delias Bett im Schlafzimmer aus? »Bevor ich sie bekam, habe ich natürlich gesagt: Auf keinen Fall! Das hat ja, wie Sie sehen, super geklappt! Sie schläft auf einer Decke am Fußende des Bettes. Wir versuchen gerade, sie aufs Körbchen umzuerziehen, aber das ist nicht einfach. Wir bringen sie abends ins Körbchen und wachen morgens mit ihr als Überraschungsgast im Bett auf.«

> »Sie schläft auf einer Decke am Fußende des Bettes. Wir versuchen gerade, sie aufs Körbchen umzuerziehen, aber das ist nicht einfach.«

Das Schlafzimmer von Delia und ihrem Mann Maxime ist hauptsächlich in Grau- und kühlen

↑ *Delia Lachance hat sich mit ihrer Familie in Montreal sehr geschmackvoll eingerichtet. Aus fast allen Zimmern des Apartments hat man einen Panoramablick auf die Stadt.*
→ *Platz! Lola liebt es zu chillen.*

Salbeitönen gehalten, mit einem großen grauen Bett, einem grauen Teppich und Nachttischen im cleanen Style. »Lola ist ein totales Rudeltier. Sie ist am glücklichsten, wenn die ganze Familie zusammen ist. Sie liebt Begrüßungen und hasst Abschiede«, verrät die Münchnerin über ihre Französische Bulldogge.

»Lola ist ein echter Charakter und bringt uns täglich zum Lachen.«

Im offenen Küchen- und Essbereich mit dem massiven Marmorblock, den ihr Mann entworfen hat, setzt die Unternehmerin auf monochrome Töne, über dem Esstisch thront eine extravagante Pendelleuchte. Hier bewirtet sie Freunde und Familie. Den Eingangsbereich hat sie ruhig und minimalistisch gestaltet mit einer bequemen Bank und einem runden Spiegel. Wie kann man stylish und trotzdem hundegerecht wohnen? »Das ist eigentlich gar kein Problem«, erklärt Lachance. »Samt ist super, schön kuschelig und Flecken von Sabber etc. gehen einfach raus. Ein kleines Schafsfell zu haben ist toll, Hunde lieben es, darauf zu liegen. Und wir haben immer feuchte Tücher im Eingang, mit denen wir nach dem Spaziergang schnell die Pfoten sauber machen. Lolas Halsband und Leine sind vom Münchner Label Prunkhund.« Was kann uns die Gallionsfigur von Westwing noch über ihren Hund verraten? »Lola ist ein echter Charakter und bringt uns täglich zum Lachen. Zum Beispiel macht sie nach jedem Schläfchen einen vollendeten Yoga-Strech: Upward-Dog und Downward-Dog in Perfektion. Da weiß man, woher der Name kommt ...

DELIA LACHANCE

Meine Erfahrungen

STILVOLL & HUNDEGERECHT WOHNEN

»Samt ist super, schön kuschelig und Flecken von Sabber etc. gehen einfach raus. Ein kleines Schafsfell zu haben ist toll, Hunde lieben es, darauf zu liegen. Und wir haben immer feuchte Tücher im Eingang, mit denen wir nach dem Spaziergang schnell die Pfoten sauber machen.«

Liebes-Momente

»Hunde im Büro entspannen die Stimmung und zwingen einen, an die frische Luft zu gehen, auch wenns kalt ist. Das ist gut fürs Gehirn!«

WARUM WIR UNS FÜR EINE FRANZÖSISCHE BULLDOGGE ENTSCHIEDEN HABEN

»Zwei meiner engen Freundinnen haben Frenchies, und deshalb kannte ich deren entspannten, lustigen Charakter. Da Lola mein erster eigener Hund war und es klar war, dass es ein Office-Hund wird, war es mir wichtig, einen Hund zu finden, der leicht zu erziehen und sehr sozial ist. Lola ist bei mir, seit sie ein Welpe war, und konnte sich so super an alles gewöhnen.«

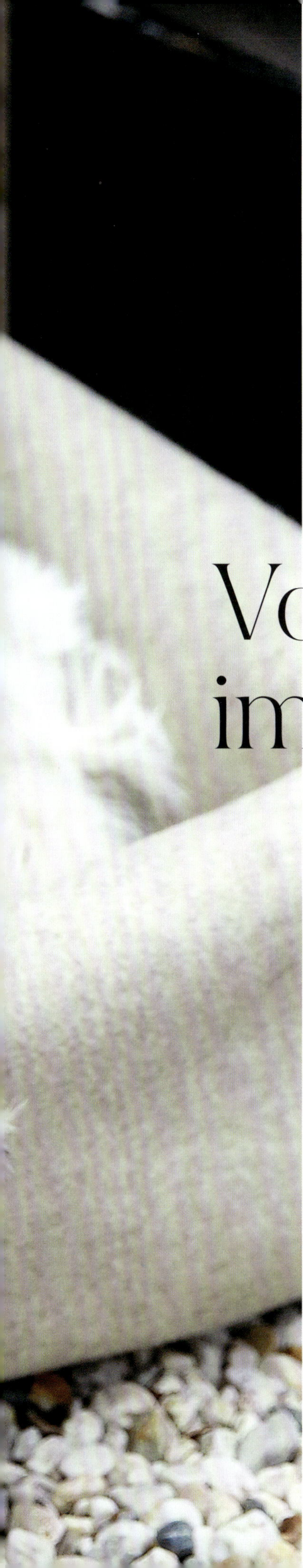

TEXT HEIKE DORN
FOTOS JANNE PETERS

Vom Traum im Grünen

Das gute Leben braucht wenig, findet Petra Jungebluth, die mit ihrem Label Cloud7 Produkte und Accessoires für Hunde und Halter entwickelt. In Brandenburg hat sie mit ihrem Mann ein Refugium der Ruhe geschaffen. Natur – früher blieb sie auf Abstand. Ausgesperrt durch schwere Stoffe und Fensterläden. Oder man trennte das Draußen vom Drinnen, legte sogar die Küchen gen Norden und Hunde in den Hauswirtschaftsraum. Ein Wohnkonzept, das Petra Jungebluth ganz kribbelig macht.»Ich liebe die Natur, will in und mit ihr leben. Ich glaube, das geht allen Hundebesitzern so. Wir wollen nichts davon ausgrenzen.«

Doch bis sie ihren Traum vom Leben auf dem Land realisieren konnte, dauerte es einige Zeit. »Erst kommst du rum, dann kommst du an.« Petra Jungebluth, ursprünglich Modedesignerin unter anderem für Strenesse und Tommy Hilfiger, und Todd Schulz, ihr Mann, früher Creative Director und Inhaber einer Werbeagentur, lebten in New York, London, Amsterdam, bevor sie nach Berlin zogen und auch beruflich auf den Hund kamen.

↖ Die zwei Wohnhäuser von Petra und Todd sind umgeben von Natur. Einst verband sie ein schmaler Flur.
←← Es ist zwar kein Cloud 7-Kissen, aber ein Straßenhund findet es trotzdem sehr gemütlich.
← Petra und ihr Mann Todd hatten schon immer ein Herz für Hunde. Heute leben sie mit drei eigenen in Brandenburg.

Seit Jahren vertreiben sie mit Cloud7 hochwertige Hundebetten, Leinen, Hundemäntel, Accessoires für das Training und Produkte für Hundehalter. Selbst Accessoires wie der Hundeknochen »Love Bone« aus weißem Baumwollplüsch und die behaglichen Kissen haben nichts mit manch albernen Sachen zu tun, die den Markt sonst überschwemmen. »Natürlich hätte ich auch Mode entwerfen können«, sagt Petra, »aber es gab so wenig Besonderes für den Hund.« Und weil für sie zum Leben mit Hund die Natur unbedingt dazugehört, tauschten sie und ihr Mann irgendwann die Stadt gegen das Land. Versteckt in Neu Reichenwalde im Südosten von Berlin, nahe Bad Saarow am Scharmützelsee, fanden sie einen kleinen Hof von 1910, der zum Verkauf stand: zwei Häuser, eine Scheune und ein Gewächshaus mitten im Nichts. Es war ein kleines Arbeiterhaus aus den 1920er-Jahren mit nur 40 Quadratmeter Wohnfläche, aber die Lage beeindruckte. Wer Terrasse und Haus im Rücken hat, schaut durch rauschende Birken und Erlen in schwankendes Schilf, durch das sich ein kleiner Steg den Weg zum Wasser bahnt. Private Boote sind verboten. Hier hat die Natur das Sagen, seit die Heinz-Sielmann-Stiftung 1000 Hektar Fläche Natur und Landschaft erwarb. Petra Jungebluth und ihr Mann konnten nicht widerstehen. Ihre Herzen und die Hunde hüpften vor Freude, dann begann die Arbeit. »Beim ursprünglichen Hof waren die beiden Wohnhäuser durch einen langen, dunklen Flur miteinander verbunden. Wir schufen eine breitere Verbindung aus modernem Klinker und mit

> Ihre Herzen und die Hunde hüpften vor Freude, dann begann die Arbeit.

Gründach.« Man ließ sie 40 Quadratmeter anbauen, wofür sie den Berliner Architekten Sebastian Treese engagierten. Der richtete das Haus zur Seeseite aus und machte die Schrägen unterm Giebel bewohnbar. Die Terrasse aus norddeutscher Eiche stellte er auf Stelzen, was gut zum Wassergrundstück passt, und verkleidete schuppengleich Wände und Decke in Anlehnung

↑ *Minimalismus und Einfachheit stehen für Petra an erster Stelle – beim Wohnen wie bei den Produkten ihres Labels.*
→ *Wohlfühlraum: Ottochen und Freddie genießen die Aussicht in »ihr« Revier.*

an die hiesigen Scheunen. »Auch unsere Hunde lieben diesen Platz mit Panoramablick ins Revier.« Ottochen, ein Straßenhund aus Zypern, der so aussieht, als hätten ein Jack Russell und ein heller Labrador ein nettes Tête-à-Tête gehabt, spitzt die Ohren. Gemächlich ruckeln die beiden Silken Windsprites Freddie und Klein Matti in ihrem Hundebett hin und her. »Alle keine großen Jäger«, weiß Petra Jungebluth. Unter den Obstbäumen hoppelt ein Kaninchen hervor, das gleich darauf wieder verschwindet. »Nichts los, ihr drei«, beruhigt sie ihr Rudel und lässt den Blick von ihrem Schreibtisch über die hektargroße Wiese schweifen: lichte und dichte Wälder, dahinter Felder, die nur ökologisch genutzt werden, und Gut Marienhöhe, der älteste Demeterhof Deutschlands. »Das Besondere an unserem Ort für das Leben mit Hund ist vor allem das Draußen.« Vom Grundstück kann man durch eine kleine Gartenpforte direkt in den großen Wald gehen. Die meiste Zeit sind Ottochen, Freddie und Matti aber im Garten unterwegs, machen wilde Verfolgungsrennen rund um das Haus.

»Das Besondere an unserem Ort für das Leben mit Hund ist vor allem das Draußen.«

»Tabuzonen sind bei uns zu Hause tabu.« Wohnen mit Hund heißt für Petra Jungebluth, dass natürlich auch die Hunde überall wohnen dürfen. »Unsere Türen sind immer offen.« Doch das Landleben kennt auch schmutzige Tiere. Weil die Eingangstür des Hauses direkt in die Küche führt, wurden dort Terrakottafliesen verlegt. Da lässt sich der Waldboden wegfegen oder aufwischen

und verteilt sich nicht gleich im ganzen Haus. Die Wände sind nur an den Decken weiß. Überall, wo die Hunde Spuren hinterlassen könnten, tragen sie sanfte Farben in Naturtönen. »Saubere, trockene Hunde dürfen bei uns auch ins Bett«, sofern die Überdecke daraufliegt. Manchmal sind sie ungeduldig. Dann suchen sie sich einen Schlafplatz, von denen es in jedem Raum einen gibt. Oder sie warten auf der großen Living-Divani-Couch auf ein paar Streicheleinheiten.

Auch längst verstorbene Lieblingshunde haben ihren festen Platz auf dem Hof. »Erinnerungen verlängern Vergangenes ins Jetzt«, sagt Petra Jungebluth und denkt dabei an Johan, ihren ersten Hund. Er kam in Amsterdam dazu und brachte Freddie, einem quirligen Silken-Windsprite-Welpen, schnell bei, was man sich bei ihm erlauben durfte und was nicht. Johan wurde älter und gemütlicher, Mitte 2015 starb er im Alter von 13 Jahren. Seitdem ruht er auf einem friedlichen Platz auf dem Grundstück neben dem Apfelbaum. Ein Foto zeigt, wie er einst genüsslich auf einem der wasserdichten Hundebetten von Cloud7 in See stach. »Johan war ein Wasserfan«, erinnert sich sein Frauchen. »Er bleibt ein Teil von uns. Genauso wie dieser Rückzugsort es immer sein wird. Mit jeder Wand, die ich in sanften Tönen gestrichen habe, mit jedem Gemüse, das ich aus dem Hochbeet zog, mit jeder Erinnerung spüre ich, wie sehr dies alles zu mir gehört.«

Ottochen, Freddie und Klein Matti heben draußen ihr Bein.

↖ Homeoffice mit Blick ins Grüne. Irgendwann tauschte Petra ihr Leben in der Stadt gegen das auf dem Land. Und die Hunde sind dankbar dafür.

← Auf schöne Erinnerungsstücke stößt man in jedem Raum.

↖ Wohnen mit Hund heißt für Petra, dass natürlich auch die Hunde überall »wohnen« dürfen, sogar im Schlafzimmer.
← Saubere, trockene Hunde dürfen durchaus mal aufs Bett, sofern die Überdecke daraufliegt.
↑ Sammler-Glück: Bilder mit Hundemotiven stehen lässig auf dem Boden.

PETRA JUNGEBLUTH

Meine Erfahrungen

DAS RICHTIGE HUNDEBETT

»Wo es einst nur Hundekörbchen oder -kissen waren, werben heute Hundeschlafsäcke, Hundehöhlen, Hundesofas und andere ›Hundemöbel‹ um die Gunst von Hund und Halter. Und weil Hunde den Großteil ihres Lebens am liebsten verschlafen (bis zu 20 Stunden pro Tag), spielt das passende Hundebett natürlich eine wichtige Rolle. Dabei gibt es wenige Gründe, die gegen oder für eine bestimmte Form des Schlafgemachs sprechen, der Liebling soll es mögen – nicht Sie!«

SEIN KORB IST EIN KISSEN

»Auf den Hundekissen thronen Mastiffs, Rhodesian Ridgebacks, Bernhardiner, Berner Sennenhunde, Deutsche Doggen, weil sie Platz brauchen und wie alle anderen eine möglichst komfortable Liegefläche. Das Gewicht des Hundes entscheidet auch über das des Kissens: Es gibt weichere und festere Modelle, in welche das Tier entsprechend mehr oder weniger einsinkt. Faustregel: Der Hund sollte mindestens 20 Zentimetern Extraplatz zum Ausstrecken haben. Und in Herbst und Winter ist es für manche das Größte, zugedeckt zu werden. Kuschelige Hundedecken aus Fleece, Leinen oder Baumwolle bieten Geborgenheit und Wärme, sodass es Ihr Liebling auch in der kalten Jahreszeit gemütlich hat.

Liebes-Momente

»Ein Zuhause braucht nicht viel. Die Natur ist Lebensraum genug.«

WO LEGT ER SICH NIEDER

»In runden Betten, auch Hundepouf oder Donut genannt, schläft Bello meist erhöht, kuschelig weich, vor allem kleine Tiere mit wenig Unterwolle mögen den Donut, weil man sich darin so schön zusammenrollen kann. Und auch manche Windhunde und Border Collies hat man darin schon schnarchen gehört. Hundebetten und -körbchen mit hohem Rand lieben vor allem jene, die Schutz suchen und sich gerne in begrenzende Ecken oder auf die Umrandung ihren Kopf legen, um das Revier zu beobachten. Es gibt Modelle aus Filz, geflochtenem Korb, Leder, Kunstleder, Baumwolle oder Plüsch; das Außenmaterial wird je nach Hersteller mit weichen Kissen oder Matratzen ergänzt. Körbchen sind Allrounder, für Labradore, Pudel, Australian Shepherd, Möpse und Beagles.

TEXT MARIANNE VON WALDENFELS, JENNIFER DIXON
FOTOS JASMIN KHEZRI
STYLING IRMASWORLD.COM / IRMASTUDIO

Gipfel des guten Geschmacks

Die fröhliche Beagle-Hündin Polly lebt mit Frauchen Jasmin Khezri und Familie in München. »Sie ist sehr liebesbedürftig, nur draußen geht sie gerne ihre eigenen Wege und vergisst dann schnell, was sie gestern erst gelernt hat«, verrät die Künstlerin über ihren Vierbeiner.

Sie ist eine unserer liebsten Stilvorbilder: Jasmin Khezri (@irmasworld) – Illustratorin, Autorin und Erfinderin der legendären Kunstfigur Irma, die sie nach ihrer inspirierenden Großmutter benannt hat. Und: Sie ist berühmt für ihren Look, einen einmaligen Mix aus Vintage-Mode, Klassikern und cooler aktueller Couture.

↑ Frauchen ist eine Stilikone: Hier trägt sie ein Kleid aus der Miu Miu Resort Collection 2021 und Vintage-Schuhe von Miu Miu aus dem Jahr 1999.
←← Jasmin Khezri im Schlafanzug Horror Vacui.
← Très chic: Pollys Halsband ist von Hermès.

Die Deutsch-Perserin, die unter anderem in England und Frankreich aufwuchs, lebt mit ihren Kindern, Ehemann und der achtjährigen Beagle-Dame Polly in einer großzügigen Dachgeschosswohnung im Münchner Stadtteil Bogenhausen. »Wir haben Polly aus einer Zucht in Niedersachsen, ihr Cousin Eliot hat auch in München ein Zuhause gefunden«, erzählt die Künstlerin. »Der Blick des Beagles hat uns bezaubert. Leider habe ich mich nicht ausführlich im Vorfeld erkundigt, was diese Rasse noch so mit sich bringt. Ich bin in einer Familie mit vielen Hunden aufgewachsen, um die sich allerdings immer meine Mutter gekümmert hat. Nun hatte ich plötzlich mit dem Beagle einen Hund, der unabhängig seinen Weg geht, der eine Meute braucht und jagen möchte. Es ist eine Aufgabe, die uns als Familie immer herausfordert. Aber Polly hat einen sehr liebenswerten Charakter und ist ein großartiger Familienhund. Nur im Wald und in der Natur hat sie ihre eigenen Ansichten.«
Jasmin Khezri studierte an der renommierten Parsons School of Design in Paris und Los Angeles und arbeitete als Artdirector für Zeitschriften wie das ›Jetzt‹-Magazin oder ›Marie Claire‹. Jeder Winkel ihres Zuhauses spiegelt ihren exquisiten Geschmack wider. Sie kombiniert die unterschiedlichsten Stile, von Gartenstühlen aus den 50er-Jahren, die im Wohnzimmer stehen, über Stoffe von Pierre Frey, Flohmarktfunde aus London bis zu Designklassikern. »Es ist ein Mix aus antik, klassisch und modern«, erklärt die Gestalterin. »Eine Zusammenstellung aus Möbeln und Gegenständen unserer Familien, Objekten und Kunst, die wir uns in den verschiedenen Lebensphasen und Stationen zusammengesammelt haben. Seit Kurzem auch Dinge aus der Irmas World Home Collection: Vasen, Keramik, eine Decke.«

> »Es ist eine Aufgabe, die uns als Familie immer herausfordert.«

Die meisten Wände ihres Zuhauses sind mit Farben von Farrow & Ball gestrichen. Zu ihren größten Schätzen gehören ihre Bücher, die in einem Regal von Dieter Rams stehen. Ihr Lieblingsplatz? »Mein Arbeitszimmer, eine alte geschnitzte Holzstube aus Oberbayern mit Blick über München.« Hier verbringt sie täglich

↑ *Ein Blick in diese treuen Augen – und man hat sein Herz für immer verloren.*
→ *Der Sessel von 1970 ist bezogen mit Stoff von Maison Pierre Frey, die Wolldecke (Art Blanket No. 01) und die handbemalte Vase gibt es über irmasworld.com, die Lampe stammt von Britta Peters Interiors, München.*

mehrere Stunden und arbeitet. Natürlich spielen auch Pollys Bedürfnisse eine zentrale Rolle im Alltag. »Morgens gegen acht Uhr steht der erste Spaziergang auf dem Programm, danach fressen, den Vormittag über wird geschlafen. Wenn ich das Mittagessen zubereite, wird Polly wach und begleitet mich in die Küche, leider erfolglos, da sie erst am Abend wieder Fressen bekommt. Gegen 15 Uhr möchte sie in den Park, der Beagle braucht andere Hunde. Am liebsten wäre sie dort, bis es dunkel wird. Im Sommer ist das oft durch unsere Kinder machbar. Im Winter leider nicht, dann bekommt sie um halb sieben ihr Abendessen und leistet uns beim Dinner Gesellschaft. Wenn sich jeder in sein Zimmer zurückzieht, schläft Polly auf ihrem Lieblingsplatz. Gegen 23.30 Uhr gehe ich dann noch mal mit ihr spazieren.«

»Ich brauche Ordnung und schöne Dinge um mich herum. Ehrlich gesagt habe ich das Gefühl, dass mein Hund sich in so einer Atmosphäre auch sehr wohlfühlt.«

Und wo befindet sich Pollys Lieblingsschlafplatz? »Ein verkleidetes Heizungsgitter, das auf dem Wohnzimmerboden liegt«, erzählt Jasmin Khezri lächelnd.
Gibt es ein Stück in der Wohnung, an dem Jasmins Herz besonders hängt? »Ich habe viele Lieblingsstücke, aber ich mag die Skulpturen von meinem Großvater Carl Vilz (@carlvilzbildhauer) sehr gerne. Als ich sie vor 20 Jahren geerbt habe, waren sie aufgrund ihrer Größe für

↑ *Auch Polly hat einen exquisiten Geschmack. Die treuherzige Beagle-Hündin thront auf einem Biedermeiersofa mit einem Stoff von Neisha Crosland aus London.*

Kunsttransporte bei Umzügen eher schwierig. Heute bedeuten sie mir viel. Sie sind ein Andenken an meine Großeltern, ihr Boheme-Leben vor dem Zweiten Weltkrieg und gleichzeitig ein Zeitzeichen von Deutschland und der Kunst.« Die Designerin hat mit ihrer Onlineplattform Irmas World (irmasworld.com) ein wunderba-

> »Ist es nicht mit den Hunden wie mit Kindern, man lebt ihnen vor, wie man leben möchte und sie finden es entweder schön und genießen es.«

res Universum rund um die schönen Dinge des Lebens kreiert. Sie teilt Beauty-, Mode-, Reise- und Lifestyletipps, die weltweit gelesen werden. Im Shop bietet sie stilvolle Fashion- und Livingprodukte von Taschen über stylishe Haargummis und kunstvolle Poster bis zu außergewöhnlichem Porzellan an. Exquisiter Geschmack ist der rote Faden, der sich durch ihr Leben zieht. Wie kann man mit Hund stilvoll leben? »Ich brauche Ordnung und schöne Dinge um mich herum. Ehrlich gesagt habe ich das Gefühl, dass mein Hund sich in so einer Atmosphäre auch sehr wohlfühlt«, meint die Künstlerin. »Das erkennt man daran, dass sie sich in schönen Räumen direkt den besten Platzt sucht. Ich vermute, dass Polly es mag, wenn man aufräumt, sie begleitet einen dann, als wolle sie mithelfen. Ist es nicht mit den Hunden wie mit Kindern: Man lebt ihnen vor, wie man leben möchte, und sie finden es entweder schön und genießen es. Oder rebellieren und machen alles kaputt. Aber das hat dann bestimmt auch noch andere Gründe.«

↖ Jasmin Khezri in einem Kleid und mit Ohrringen aus der Tory Burch Holiday Collection 2020/21, Strümpfe: Calzedonia.
↑ Der Stoff für Pollys Bett stammt ebenfalls von Maison Pierre Frey.
← Polly braucht gaaaanz viel Kuschel-Time.

JASMIN KHEZRI

Meine Erfahrungen

WAS MACHT EIN ZUHAUSE AUS?

»Persönlichkeit, Bücher, die Farben, die man wählt. Die Stoffe und die Kunst.«

↑ *Nobler Mix: Das Sofa ist von Minotti, die Hocker hat Jasmin mit Stoffen von Hermès beziehen lassen, Lampe und Tisch sind Vintage.*

Liebes-Momente

»Mein Trick, um Pollys Vorliebe für Polstermöbel zu bremsen? Am liebsten schläft sie auf unseren Sofas und Sesseln, daher muss ich jeden Abend über Nacht alles mit Büchern belegen.«

DER CHARAKTER MEINES BEAGLES

»Sie ist sehr liebesbedürftig und an sich einfach zu handhaben. Leider fressen Beagle alles, ohne satt zu werden. Zu Hause ist Polly gehorsam und ruhig. Nur die anderen Hunde, die auch bei uns im Haus wohnen, mag sie nicht besonders. Sie denkt, das Haus gehört nur uns, und sie empfindet jeden anderen als Eindringling.«

JEREMY HACKETT

Jeremy Hackett, britische Stil-Ikone und Gründer des legendären Fashionlabels Hackett London, hat sein Herz an Sussex-Spaniels verloren – seine aktuellen Gefährten heißen Harry und Muffin. Er hat sogar ein hinreißendes Buch über die beiden geschrieben: »Isle of Dogs«.

Würden Sie uns Ihre Hunde kurz vorstellen?
»Muffin und Harry sind Sussex-Spaniels, die so selten sind, dass ein Zeitungskolumnist einmal erklärte, sie seien rarer als ein gigantischer Panda. Die Rasse wurde erstmals Mitte des 19. Jahrhunderts gezüchtet – ausgerechnet in Sussex! Nach dem Zweiten Weltkrieg waren sie fast ausgestorben, es gab kaum noch sechs. Heute existieren immer noch wenige, aber die Sussex Spaniel Association tut ihr Bestes, um das zu verbessern, doch da es nur einen kleinen Genpool gibt, achtet die Association sehr darauf, Inzucht zu vermeiden. Sussex-Spaniels wurden ursprünglich als Schießhunde gezüchtet, die kurzbeinig, kräftig und ausdauernd sind und die Fähigkeit haben, ins Unterholz zu gehen. Muffin und Harry haben keine Lust auf Schießen und Jagen und sind viel glücklicher, wenn sie an Fotoshootings teilnehmen.«

Wie kamen Sie auf die Rasse?
»Ich hatte noch nie von Sussex-Spaniels gehört, bis ich 1997 einmal mittags von meinem Büro zum Battersea Dogs and Cats Home, dem berühmtesten Tierrettungszentrum in Großbritannien, spazierte und dort meinem ersten Sussex-Spaniel, Charley, begegnete. Ich war hin und weg. Charley war etwa drei Monate lang im Heim gewesen, war vorher schlecht behandelt und dann ausgesetzt worden. Die Mitarbeiter malten ein sehr düsteres Bild von ihr und sagten, dass ein paar Leute sie mitgenommen und später zurückgebracht hätten, weil sie zu schwierig im Umgang gewesen sei. So sehr ich von der Rasse angetan war, befürchtete ich doch, dass sie mit zu viel ›Gepäck‹ kam. Aber sie ging mir nicht aus dem Kopf, sie war so schön und brauchte offensichtlich ein gutes Zuhause. Also rief ich bei Battersea an und fragte, ob ich sie für das Wochenende auf Probe nehmen könne. Ich holte sie auf dem Weg zu den Badminton Horse Trials ab und setzte sie auf den Vordersitz meines Range Rover. Sie war sofort munter, als wollte sie sagen, dass sie angekommen sei. Sie benahm sich perfekt, und wir hatten eine starke Bindung zueinander, bis sie im Alter von 17 Jahren starb. Zu Charley gesellte sich später Browney, ein weiterer Sussex, der hinreißend war, und beide wurden bei Hackett sehr beliebt.«

Was sind Harrys und Muffins besondere Charaktereigenschaften?
»Sussex-Spaniels können ziemlich stur sein, und Muffin und Harry sind da keine Ausnahme. Wenn

→ Jeremy Hackett in einem maßgeschneiderten Tweed-Anzug von Hackett mit seinen geliebten Sussex-Spaniels Muffin und Harry.

J.P. HACKETT
14
14
14
14
14

sie etwas nicht tun oder irgendwo nicht hingehen wollen, setzen sie sich einfach hin und rühren sich nicht vom Fleck. Sie scheinen instinktiv zu wissen, wann ihr Frühstück und Abendessen serviert wird, und warten geduldig an ihren Näpfen. Keiner wagt es, an den Napf des anderen zu gehen. Sie genießen ihre täglichen Spaziergänge, und sobald ich meine Hausschlüssel hole, stehen sie vor der Tür und können es kaum erwarten loszufahren.«

Gibt es eine lustige Anekdote mit den beiden?
»Muffin und Harry begleiteten mich zu einer Vorstandssitzung in mein Büro, und weil sie den ganzen Tag dauern sollte, wurde in einem Nebenraum ein leichtes Mittagessen vorbereitet. Ich hatte nicht mitbekommen, dass die Hunde den Weg in den Raum gefunden hatten, und als wir Mittagspause machten, entdeckten wir sie auf dem Tisch, mitten in Bergen von Sandwiches und Keksen. Für uns war es ein viel leichteres Mittagessen als erwartet.«

Wo ist Harrys und Muffins Lieblingsplatz in Ihrem Haus?
»Wo auch immer ich im Haus gerade bin, ist auch ihr Lieblingsort. Wenn ich im Wintergarten bin, kommen sie zu mir und liegen unterm Tisch. Wenn ich fernsehe, teilen sie sich das Sofa mit mir, und wenn ich nach oben gehe, folgen sie mir. In meinem Wohnzimmer gibt es einen bestimmten Stuhl, auf dem sie zusammensitzen und von dem aus sie mich genau beobachten können.«

Und wo schlafen die beiden?
»Sie haben die Fähigkeit, überall zu schlafen, aber verwöhnt, wie sie sind, schlafen sie am liebsten am Ende meines Bettes.«

Wo gehen Sie gern spazieren?
»In London sind wir mit zahlreichen Parks gesegnet, aber Richmond Park ist Muffins und Harrys Lieblingspark. An den meisten Wochenenden unternehme ich mit ihnen dort einen mehrstündigen Spaziergang durch Felder und Wälder. Das, was sie am meisten genießen, ist das Schwimmen in den Seen. Und sie mögen das Meer sehr.«

Können Sie sich ein Leben ohne Hunde vorstellen?
»Nein, da ich seit mehr als 40 Jahren Hunde besitze. Muffin und Harry sind der Grund, warum ich jeden Morgen aufstehe. Sie sind meine ständigen Begleiter und für immer in meinen Gedanken. Es ist eine absolute Freude, zu ihnen nach Hause zu kommen.«

← Was ist besser als ein Sussex-Spaniel? Natürlich zwei Sussex-Spaniels!
→ Wer sich in Muffin und Harry verliebt hat – unbedingt Jeremy Hackett auf Instagram folgen, er postet fast täglich herrliche Bilder: @mrjhackett.

TEXT MARIANNE VON WALDENFELS, JENNIFER DIXON
FOTOS JULIA MARIE WERNER

Auf Streife mit Lenni und Paul

Sanna Englund, Star der beliebten Vorabendserie »Notruf Hafenkante« besitzt zwei hinreißende Vizsla-Rüden. »Die beiden sind große Schauspieler und bringen uns mit ihrer ganz eigenen Verführungskunst immer aufs Neue zum Lachen«, erklärt die blonde Schauspielerin schmunzelnd.

»Darf ich vorstellen: Lord Lennchen, kurz Lenni, unser 8-jähriger Vizsla-Rüde und Papa von Paulemann, 6, dem damals gemütlichsten Rüden aus dem siebenköpfigen Wurf mit Lennis großer Jugendliebe, Vizsla-Lady Jenna aus Berlin.« Als Sanna Englund die Tür zu ihrem Zuhause am Starnberger See öffnet, kommen ihre beiden Vizslas sofort freudig angetrabt und begrüßen die Gäste.

↖ Die bunten Halsbänder der Vizslas sind von Karin Schelle von Hundemutti.
←← Lenni auf dem Steg im herbstlichen Schilf.
← Hell und sehr gemütlich ist das Wohnzimmer des TV-Stars eingerichtet.

Die Hunde leben seit Welpenalter bei der Schauspielerin. »Lenni haben wir mit seinen damals zwölf Wochen zu uns geholt und Paulchen durfte schon ab seiner fünften Lebenswoche regelmäßig mit seinen Geschwistern bei uns sein und sein zukünftiges Zuhause kennenlernen.« Hat sich Lenni, der oft so aussieht, als ob er lächelt, denn leicht daran gewöhnt, die Liebe seiner Besitzer plötzlich teilen zu müssen?
»Lenni war zwei Jahre lang ein recht verwöhnter Einzel- und Ersthund. Das merkt man ihm auch an«, erzählt der TV-Star. »Er ist sehr menschenbezogen, etwas kapriziös und furchtbar eifersüchtig – auf eine liebevoll drollige Art. Ganz im Gegensatz zu Paul. Er ist der Entspanntere, faulenzt gerne und ordnet sich ganz selbstverständlich unter. Das hat ihm wohl sein Vater beigebracht und wir haben es auch konsequent bestärkt.«
Mit ihrem Mann und ihren Vierbeinern wohnt Sanna Englund in einem lichtdurchfluteten Haus am Starnberger See. Das helle, einladende Wohnzimmer mit seinen bequemen Sofas und Sesseln ist ein echter Wohlfühlort. »Mit dem gemütlichen Lignet-Roset-Klassiker ›Togo‹ bin ich schon aufgewachsen und habe mich bei meinem ersten eigenen Sofakauf wieder dafür entschieden«, erklärt die schöne Schauspielerin.

Worauf hat sie bei der Einrichtung ihres Heims besonders geachtet? »Ich brauche Luft, Platz und eher klare Strukturen. Ich glaube, ich lebe mit einem Stilmix aus einzelnen Möbelstücken, die für mich alle eine gewisse Geschichte haben. Mein Mann ist sowieso ein großer Fan von

> »Lenni war zwei Jahre lang ein recht verwöhnter Einzel- und Ersthund. Das merkt man ihm auch an«, erzählt der TV-Star.

Sitzmöbel-Klassikern, ich liebe Lampen und lege viel Wert auf schöne Lichtstimmungen durch indirekte Beleuchtung oder das natürliche Licht durch große Fenster.«
Die beiden Vierbeiner sind herrlich entspannt. Sie folgen ihrem Frauchen durch Wohnzimmer,

↑ *Die romantisch-verspielten Lampen in Teekannen-Form waren ihr am Anfang beinahe zu kitschig, erzählt die blonde Schauspielerin.*
→ *Homeoffice im Hause Englund: Während Frauchen arbeitet, hat es sich Lenni auf ihrem Schoß bequem gemacht.*

Essbereich und Küche, die ineinander übergehen. Wenn die Schauspielerin, die übrigens auch Botschafterin des Hundes und des Vereins Sozialfelle ist, am Esstisch sitzt und am Computer arbeitet, platziert sich Paul gerne mal auf ihrem Schoß. »Tatsächlich ist dieser Esstisch mein Lieblingsstück in unserem Haus. Es ist eine uralte Werkbank mit vielen Macken und Kerben. Schwer zu pflegen und kein typischer Esstisch durch seine unruhige Struktur ... Aber ich finde ihn einfach traumhaft schön und mag es, mich auf ihm auszubreiten.« Leben mit Lenni und Paul heißt für Sanna Englund auch, dass die Vierbeiner überall im Haus hindürfen. Klar, auf die Sofas – aber wie sieht es mit dem Ehebett aus? »Sie schlafen bei uns im Schlafzimmer. Sie haben jeder ein kleines Zelt, in das sie sich gerne zurückziehen. Am liebsten sind sie aber dicht an uns gedrängt im Rudel mit unter der Decke. Das las-

> Zu den Dreharbeiten kommen die beiden Hunde meistens mit. »Ich habe sie von klein auf daran gewöhnt, mich zu begleiten.«

sen wir ab und an auch zu. Magyar Vizslas liegen ungern am Boden – das ist ihnen schlichtweg zu kalt und ungemütlich. Hinzu kommt ihr rassetypisches Motto: nicht nur immer mittendrin – am besten obendrauf! Sie suchen ständig den direkten Körperkontakt und befinden sich gerne auf Augenhöhe mit ihren Menschen, ohne dabei dominant zu sein. Das haben wir nach vielen ›Diskussionen‹ akzeptiert und genießen es nun sogar ein bisschen.«

Seit 2007 hat Sanna Englund in »Notruf Hafenkante« die Rolle der Polizeioberkommissarin Melanie Hansen inne. Zu den Dreharbeiten kommen die beiden Hunde meistens mit. »Ich habe sie von klein auf daran gewöhnt, mich zu begleiten. Sie dösen dann ganz ruhig in meinen Garderoben oder Wohnmobilen, nachdem sie sich vor Drehbeginn und in meinen Drehpausen schön ausgepowert haben.«
Die Jagd – und zwar nicht auf Verbrecher – spielt auch in Englunds freier Zeit eine Rolle, sie und ihr Mann haben den Jagdschein gemacht, um ihre Hunde besser zu verstehen. Schließlich sind Lenni und Paul Jagdhunde. »Sie schnüffeln und apportieren unheimlich gerne. Paul mag Bälle, Stöcke und Socken. Die findet er überall und liebt es, sie anzuschleppen oder einfach nur stolz herumzutragen. Lenni ist dafür DIE Supernase und findet jedes Versteck im Nu.« Ein Leben ohne ihre Hunde? Schwer vorstellbar, sagt die Schauspielerin. »Seit ich die Hunde habe, kriege ich es partout nicht mehr hin, morgens aufzuwachen und zu denken, die Welt ist komplett blöd. Sie schauen mich an und freuen sich – und ich freue mich einfach mit! Sie haben ihre ganz simplen Grundbedürfnisse, und die habe ich als ihr Frauchen zu erfüllen. Und dabei darf ich so viel lernen über das Leben, die Natur und die Kunst, mit den kleinen Dingen glücklich zu sein.«

↖ Komfort und Klasse: Auch Lenni und Paul lieben natürlich die hübschen, bequemen Lignet-Roset-Sofas.
← Herzenswärmer: Die Hunde dürfen die Schauspielerin sogar zu den Dreharbeiten nach Hamburg begleiten.

↖ *Vom flauschigen Körbchen aus lässt sich der Garten am besten bewachen.*
↑ *Perfekt gekleidet für den fröhlichen Matsch-Spaziergang bei miesem Regenwetter.*
← *Sanna Englund ist auch Botschafterin des Hundes!*

SANNA ENGLUND

Meine Erfahrungen

STILVOLL UND HUNDEGERECHT WOHNEN

»Sauberkeit ist bei mir auch mit Hund das A und O. Wir dürfen uns gerne im Dreck suhlen, aber müssen mit den Konsequenzen leben: Meine Hunde haben gelernt, sich nach dem Gassi hinzusetzen und den Sauber-Check zu erdulden. Sie geben brav Pfötchen zum Putzen und lassen sich den Bauch abfrottieren. Mein Tipp: Decken und Felle aller Art. Sie schützen die Polster, sehen schön aus und können schnell gewaschen oder ausgeklopft werden.«

Liebes-Momente

»Wir suchten nach einem sportlich ausdauernden Begleiter für unser recht aktives Leben. Wir sind leidenschaftliche Läufer, Bergsteiger und sonst auch immer gerne in Bewegung. Nebenbei haben uns auch das elegante Äußere und das überaus liebevolle, sensible Wesen dieser Rasse überzeugt.«

WIE WICHTIG IST ERZIEHUNG?

»Das Wichtigste! Wir müssen uns aufeinander verlassen können zu unser aller Sicherheit und für ein ausgeglichenes Zusammenleben. Mein Mann und ich sind die Chefs und sagen, wo's langgeht. Auch wenn das ein andauernder Prozess bleibt und immer mal wieder neu diskutiert werden muss.«

TEXT MARIANNE VON WALDENFELS, JENNIFER DIXON
FOTOS PAUL GÜNTHER

Eine tierisch musikalische Familie

»Wissen Sie, Cookie ist hier in unserem Haus die Diva«, lacht die Star-Geigerin Lisa Batiashvili, während ihr die niedliche Cavalier-King-Charles-Spaniel-Dame Cookie für einen Moment die kalte Schulter zeigt.

LISA
BATIASHVILI
& NIKOLOZ RACHVELI
CITY LIGHTS
KATIE MELUA · TILL BRÖNNER · MILOŠ · MAXIMILIAN HORNUNG

Sie ist eine der berühmtesten Geigerinnen der Welt: Die Georgierin Lisa Batiashvili kam im Alter von elf Jahren mit ihrer Familie nach Deutschland, war Artist in Residence bei den New Yorker Philharmonikern, ging mit dem London Symphony Orchestra unter Sir Simon Rattle auf Tournee und wurde von Musical America 2015 zur Instrumentalistin des Jahres gewählt.

Heute lebt sie im Münchner Stadtteil Haidhausen – mit ihren beiden Kindern Anna und Louis und ihrem Ehemann, dem Oboisten und Dirigenten François Leleux, der hier eine Professur hat. Und natürlich – Cookie. Einer hinreißenden Cavalier-King-Charles-Spaniel-Hündin, die seit 2016 zur Familie gehört. »Eine Freundin von mir hatte auch einen Cavalier-Spaniel. Ich fand die Rasse wirklich toll. Cookie stammt von einer unheimlich netten Züchterin, zu der wir bis heute Kontakt haben. Meine Tochter Anna hat den Namen ausgesucht.« Relativ früh demonstrierte die zarte Cookie Frauchen, Herrchen und den Kindern, dass sie durchaus auch ein echter Jagdhund ist. »Wir gingen im Münchner Ostpark spazieren. Da gibt es einen Teich mit sehr vielen Gänsen. Das war, glaube ich, das erste Mal, dass unser Hund so viele Gänse auf einmal gesehen hat. Sie ist plötzlich ganz verrückt geworden, ins Wasser gesprungen und weit weggeschwommen. Die Kinder und ich haben laut geschrien und versucht, sie mit Leckerlis zurückzuholen – keine Chance. Auch ein paar Passanten haben geholfen und wollten Cookie aus dem Wasser locken. Ich hatte große Angst, dass sie untergeht. Irgendwann kam sie ganz müde zurück. Und hat natürlich unsere Aufregung gar nicht verstanden.«

> »Eine Freundin von mir hatte auch einen Cavalier-Spaniel. Ich fand die Rasse wirklich toll.«

Lisa Batiashvilis neuestes Album »City Lights« ist eine Hommage an die Musik und die Filme von Charlie Chaplin. Und sie lässt dabei auch die Städte Revue passieren, die für sie auf ihrem Lebensweg von Bedeutung waren – von Tiflis über Wien und New York bis Berlin. Ihr Zuhause ist seit 2013 die geräumige, gemütliche Wohnung in München. Die Musikerin setzte bei der Einrichtung auf warme Farbtöne wie sanftes Gelb, sattes Rot und helles Braun, um eine behagliche Atmosphäre zu schaffen. Überhaupt wirkt die Familie unheimlich herzlich und geerdet, zwischen Lisa, ihrem Mann und den beiden Kindern herrscht ein liebevoll-lustiger Ton, und alle kümmern sich mit viel Hingabe um ihren niedlichen Vierbeiner. Cookie sei ein sehr häuslicher Hund, berichtet ihr Frauchen. Gegenden

↖ Cookie liegt besonders gerne vor dem brennenden Kamin.
←← Give me five! Die Stargeigerin und ihre Cavalier-King-Charles-Spaniel-Dame.
← Lisa Batiashvilis jüngstes Werk – die CD »City Lights«.

↑ *Cookie ist ein sehr häuslicher »Hund«, verrät ihr Frauchen.*
→ *Die weltberühmte Musikerin in einem Vintage-Dress von Talbot Runhof, das sie zu großen Auftritten trägt. Cookie ist während des täglichen Übens immer in ihrer Nähe.*

und Plätze, die sie nicht kennt, mag sie nicht sonderlich. Ihr Tagesablauf: »Im Grunde besteht er aus abwechselnd Gassi-gehen und Essen. Wenn es nach ihr ginge, würde sie erst gegen neun Uhr aufwachen, sie steht sehr ungern schon mit den Kindern, die in die Schule müssen, auf. Aber ähnlich zu unserem ungewöhnlichen Alltag hat auch Cookie nicht immer den gleichen Tagesablauf und muss sich anpassen. Wenn wir nicht da sind, geht sie gern zu den Großeltern. Nur im letzten Jahr waren wir durch Corona so viel zu Hause, dass auch Cookie mehr Ruhe gefunden hat.« Wie Lisa Batiashvili entspannt? Am liebsten hinter dem Herd. »Mein Lieblingsort in unserer Wohnung ist die Küche«, erzählt die Musikerin. »Sie ist hell, großzügig und ein sehr lebendiger Ort. Ich koche auch sehr gerne. Alle möglichen Pasta-Gerichte – und georgische Spezialitäten. Cookie schläft besonders gern in ihrer Nische in der Küche. Oder in der Nische im Eingangsbereich.« Wenn die Familie abends auf dem einladenden dunkelgrauen Sofa relaxt, thront Cookie meistens auf »ihrem« Stoffhocker neben dem Kamin.

> Wenn die Familie abends auf dem einladenen, dunkelgrauen Sofa relaxt, thront Cookie meistens auf »ihrem« Stoffhocker neben dem Kamin.

Dann zeigt uns Lisa Batiashvili, die zu den führenden klassischen Musikerinnen der heutigen Zeit gehört, ihr Heiligstes – ihre Geige. Und während sie den Bogen für die ersten Töne ansetzt, lässt sich Cookie entspannt an ihrer Seite neben

dem großen Flügel nieder. »Wenn ich übe, sitzt sie meistens bei mir. Manchmal wirkt es so, als ob sie ganz in die Musik versunken sei«, erklärt die Virtuosin lächelnd, die für große Auftritte gerne eines der glamourösen Kleider des Labels Talbot Runhof trägt. »Generell, wenn sie Musik hört, merkt man an ihrem Gesicht, dass sie es wirklich genießt. Sie möchte am liebsten, dass es nie aufhört. Sie kann endlos zuhören! Erst in dem

»Wenn ich übe sitzt sie meistens bei mir. Manchmal wirkt es so, als ob sie ganz in die Musik versunken sei.«

Moment, in dem man aufhört zu spielen, steht sie auf und geht. Vielleicht liegt es daran, dass ich schon immer vor ihr gespielt habe, bereits als sie ganz klein war. Es ist sicher ein vertrautes Gefühl, wenn ›Mama‹ das macht, was sie immer gemacht hat.«
Hat Cookie denn noch weitere Hobbys? Die schöne Geigerin verdreht belustigt die Augen. »Schattenspiele. Sobald sie irgendwo einen Schatten an der Wand sieht, will sie ihn fangen. Und ist durch nichts davon abzubringen.«

↖ Die zarte Hündin weicht ihrem Frauchen nur ungern von der Seite.
← Verwöhnt? Wer sagt denn so was?

↖ *Lisas Tochter Anna ist für Cookie eine wichtige Bezugsperson.*
↑ *Harmonie in jeder Tonlage.*
← *Der Lieblingsraum der Virtuosin ist die Küche – Cookie kann das verstehen.*

LISA BATIASHVILI

Meine Erfahrungen

WAS COOKIE NICHT LEIDEN KANN

»Sich etwas anzuziehen mag sie zum Beispiel überhaupt nicht. Oder zum Tierarzt zu gehen, da weint sie schon auf dem Hinweg. Was Cookie auch gar nicht leiden kann: wenn wir Koffer packen. Das löst sofort Verlustängste in ihr aus.«

Liebes-Momente

»Was unsere Cavalier-King-Charles-Spaniel-Hündin auszeichnet? Sie ist schlau, lustig, frech – und versteht wahnsinnig viel von dem, was wir reden. Obwohl sie natürlich gerne so tut, als würde sie gar nichts verstehen …«

DAS MACHT MEIN ZUHAUSE AUS

»Vor allem die Menschen, die dich mit Liebe empfangen, wenn du zurückkommst. Aber auch Hunde sind darin natürlich Meister, sie freuen sich immer so sehr.«

← Sobald Anna von der Schule nach Hause kommt, kümmert sie sich um ihre geliebte Cookie.
→ Herrlich zum Herumtoben: das gemütliche Wohnzimmer.

TEXT ELKE VON RADZIEWSKY
FOTOS REGINA RECHT

Ihre Schönheit beruhigt

Domestikation ist ein riesiges Naturexperiment, meint der Zoologe, Evolutionsbiologe und Spezialist für »Hunde in Bewegung«, Professor Martin S. Fischer. Und wer ihn in Jena besucht, kommt spätestens dann auf den Hund.

Martin Fischer ist ein Hundemensch, das macht ihn glücklich. Er, seine Frau Barbara Happe und die Airedale-Terrier-Hündin Irma leben in einem weißen Haus in einer der schönsten Wohnstraßen von Jena. Der Bauhaus-Meister Walter Gropius hat es 1924 entworfen, eines der wenigen Wohnhäuser, die es von ihm gibt.

↖ Schöner Hund, schönes Haus. Ohne Airedale-Terrier Irma wäre das Leben im Gropius-Bau nicht denkbar.
←← Dem Hund verbunden: »Körperliche Nähe, Kuscheln mit Irma ist Kommunikation«, sagt Martin Fischer.
← Domestikation ist ein riesiges Naturexperiment: Mit seinen Kollegen an der Universität Jena ist der Professor diesem Abenteuer auf der Spur.

Sorgfältig hat das Paar das Haus restauriert, jede der 37 festgestellten Farbtöne wieder an die Wände bringen lassen, dem Original entsprechendes Linoleum für den Fußboden ausfindig gemacht, Möbel ausgesucht, die passen. Irma weiß von all dem nichts, sie sitzt fröhlich auf der mit Kuhfell bezogenen Chaiselongue von Le Corbusier und flitzt im Garten herum, in dem Ananasrenetten und andere alte Apfelsorten wachsen und der fruchtende Feigenbaum sich aus einem aus Sanssouci stammenden Ableger gebildet hat. Irma darf alles. »Ich mag es«, sagt Martin Fischer, »dass unser Hund unabhängig ist.« Bei Spaziergängen geht die Hündin nie in einem irgendwie definierten Abstand, und wenn sie abgeleint wird, gehört ihr die Welt. Das Ehepaar hat das Airedale-Mädchen nach dem Ansatz der Norwegerin Turid Rugaas erzogen, ihr wichtigstes und erstes Ziel ist Bindung, gegenseitiges Vertrauen. »Hund und Mensch sind aneinander gebunden«, so der Professor.

Martin Fischer ist Evolutionsbiologe an der Universität Jena. Seit Jahrzehnten beschäftigt er sich mit dem Gangwerk von Säugetieren, auch Vögeln. 2006 hat er zusammen mit Siemens für die Universität eine Anlage aus Laufband und Hochgeschwindigkeits-Röntgenvideografie entwickelt, die einmalig präzise Aufnahmen sich fortbewegender Tiere liefert: 500 Fotos die Sekunde, links und rechts, zusammen 1000. Zehn Sekunden dauert ein Lauf. Drei Wochen braucht seine Mannschaft, um die 10.000 entstandenen Bilder auszuwerten und zu einer Filmsequenz zusammenzustellen. Elefanten, Ratten, Faultiere trotteten, huschten oder krochen schon über

Das Ehepaar hat das Airedale-Mädchen nach dem Ansatz der Norwegerin Turid Rugaas erzogen, ihr wichtigstes und erstes Ziel ist Bindung, gegenseitiges Vertrauen.

das Band zwischen den Röntgenröhren. Auch Hunde, 37 Rassen, so ausgesucht, dass sie in Körperbau, Gewicht und Größe einen Querschnitt liefern. 2011 gab Martin Fischer, unterstützt vom Verband für das Deutsche Hundewesen,

↑ *Die Hündin darf alles im Haus. Ihr Herrchen schätzt es, dass sie unabhängig ist.*
→ *Irma im Geschirr: Martin Fischer verteufelt Halsbänder nicht, aber er nutzt sie nicht.*

ein Buch über seine Ergebnisse heraus. Mit 500 Interessenten rechnete er, viele Tausend Exemplare sind bis heute verkauft. Zu seinen Wochenendseminaren kommen vor allem Tierärzte und Physiotherapeuten mit einem Hintergrund in der Osteopathie. »Dabei haben wir kein heilendes therapeutisches Ziel«, sagt der Professor. Er bietet keine Lösungsansätze für HD und ED, Hüft- und Ellenbogendysplasie, wie die vererbbaren Erkrankungen an den Gelenken heißen. Er engagiert sich in Grundlagenforschung. »Wie kann ich wissen, an welcher Krankheit der Hund leidet, wenn ich nicht weiß, wie er läuft?« Einfachste Basiskenntnis, die in einer Zeit fehlt, in der wir bis in die Erbinformationen hineinsehen können, die uns die Genforschung liefert. »Unglaublich«, so der Wissenschaftler.

»Wie kann ich wissen, an welcher Krankheit der Hund leidet, wenn ich nicht weiß, wie er läuft?«

Der Gang ist ein wesentliches Kriterium der Bewertung von Rassehunden. Folglich hat sich Martin Fischer angesehen, was zu Fortbewegung und Gangwerk in den Standards der von ihm untersuchten Rassen zu finden ist. Gestoßen ist er auf »lautmalerische« Beschreibungen: leicht und hüpfend (Pudel) oder elastisch, frei, elegant, wendig, raumgreifend (Schäferhund). Unkonkrete bildliche Vokabeln, die indirekt seine Forschungsergebnisse widerspiegeln. Denn »eine rassetypische Gangart gibt es nicht«. Sein Fazit bezüglich der Gangart: »Lasst die Rasse raus.«

Wenn sich Forscher auf der einen Seite und erfahrene Hundeleute auf der anderen Seite Gedanken machen würden, wie ein Gangwerk beschaffen sein soll, »könnte man im Diskurs weit kommen«, so Martin Fischer. »Züchter und Richter haben den Blick. Durch unsere Arbeit können sie genauer sagen, was sie gesehen haben.« Aber ist es nun ein Unterschied, ob der Forscher in der Versuchsanlage Elefanten und Faultiere oder Hunde vor sich hat? Seine erste Antwort ist ein deutliches Nein. Alle laufen auf dem gleichen Band. Immer geht es um das Gleiche. Die einen werden professionell darauf vorbereitet (habituiert, heißt es im Fachjargon), die Hunde von Herrchen und Frauchen zum Mitmachen aufgefordert. »Ohne Ausnahme sind wir dabei auf begeisterte Menschen gestoßen, es macht ihnen Freude, an Wissenschaft teilzunehmen.« Aber für ihn ist es letztlich doch »ein Glück, am Ende zwischen fünf Chihuahuas zu sitzen«. Es ist schon »etwas ganz anderes, ob man in ihre oder in Faultieraugen schaut.«

Gibt es mit den Hunden also eine andere Art von Kommunikation? »Ja«, antwortet der Professor. Während er im Allgemeinen nicht bei allen Studien anwesend sein müsse, lasse er sich bei Hunden keinen Lauf entgehen. Und er erzählt von dem Hormon Oxytocin, »mit dem Hunde das menschliche Bindungssystem gekapert haben«. Wenn man ihnen in die Augen blicke, steige der Oxytocin-Spiegel des Menschen, so beschrieb es 2015 David Grimm in der Zeitschrift ›Science‹ (»How dogs stole our hearts«).

Und was bedeutet es für den Professor, mit einem Hund zu leben? Er stutzt, was für eine Frage, dann strahlt er. »Eine wirklich innige Freude. Von Irma begrüßt werden, ist einzigartig. Sie hat eigentlich immer gute Laune – das macht gute Laune.« Und noch etwas zählt für ihn. »Ich sehe sie gern an, Irma ist wirklich schön. Mir gefällt nicht jede Rasse, aber viele tun es. Ich sehe die Hunde gern, da ist etwas von einem Schönheitserlebnis. Und Schönheit beruhigt.«

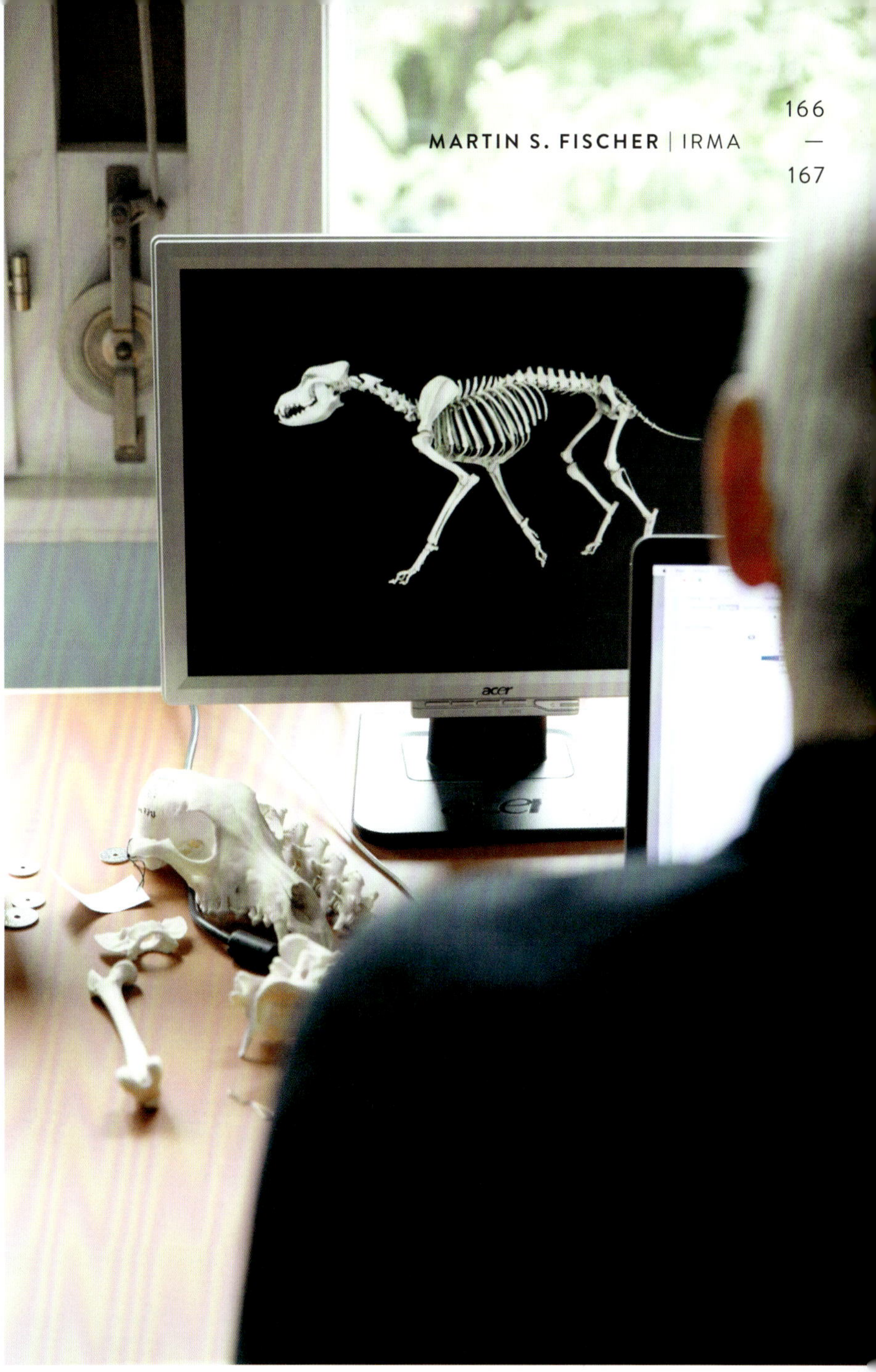

← Irma begleitet den Zoologen regelmäßig in die Universität.
↑ Per Röntgenblick werden die Bewegungen von Rassehunden untersucht.

MARTIN S. FISCHER

Meine Erfahrungen

VERTRAU MIR!

»Die einfachste Art, Konzentration, Balance und Vertrauen zu stärken, sind Übungen, bei denen der Mensch den Hund ruhig in für diesen ungewohnten Situationen anleitet. Junge Hunde stellt man dafür zunächst drei Sekunden mit vier Pfoten auf vier dicke Bücher oder Pflastersteine, dann können die Vorderpfoten auf zwei Tennisbälle gestellt werden, so dass die Hunde sich ausbalancieren müssen. Graue Schnauzen bevorzugen eher die Luftmatratze. Das stärkt die Tiefenmuskulatur und das Selbstvertrauen des Hundes. Der Mensch schweigt dabei und führt ruhig und sicher mit den Händen den Körper des Hundes. Er lässt ihn aber immer den letzten Schritt allein tun. Es wird nicht mit Futter oder Beute motiviert und keinesfalls korrigiert, gelobt wird während und nie nach der Übung.«

SPIEL AM SCHNÜRCHEN

»Damit Hunde lernen, selbst zu denken und Frust auszuhalten, ist folgendes Spiel sinnvoll: An einen selbst gebauten Leckerchenspender, z.B. aus einer leeren PET-Flasche, befestigen Sie eine lange Schnur und rollen die Flasche unter einen Schrank, sodass der Hund nicht dran kommt. Nur die Schnur schaut hervor. Nun muss der Hund verstehen, dass er ans Futter kommt, indem er mit den Pfoten oder seiner Schnauze an der Schnur zieht.«

Liebes-Momente

»Hund und Mensch sind aneinander gebunden. Mein wichtigstes Ziel in der Erziehung sind Bindung und Vertrauen!«

LERNEN IM LIEGEN

»Gerade für Hunde, die sich wenig bewegen dürfen oder können, sind Trainingseinheiten mit dem Clicker sinnvoll, um den Geist fit zu halten. Die Orientierung mit dem Clicker à la Topfschlagen (heiß, kalt) bedeutet, dass der Hund für jede Idee in die richtige Richtung einen Click und ein Leckerchen bekommt. Die Anforderung wird so lange erhöht, bis der Hund versteht und den Clicker als Orientierung benutzt. Kranke und ältere Hunde können so auch im Liegen lernen, z.B. Pfötchen zu geben oder sich auf die Seite zu legen. Auch sie mögen Kopfarbeit.«

TEXT SABINE WESEMANN
FOTOS RACHAEL MCKENNA

Ordnungshüter im Garten

Can Estel auf Mallorca ist ein Gesamtkunstwerk, ein stattliches Herrenhaus und ein prachtvoller Garten voller Überraschungen, dazu klassische Kunstwerke innen und außen. Es scheint ganz selbstverständlich, dass die Hausherrin sich für eine höchst ästhetische Hunderasse entschieden hat. Dabei sind ihre Whippets alles andere als eine hübsche Ergänzung. Sie leisten elementare Hilfe bei der Gartenarbeit.

Schuld sind die Kaninchen. Für eine passionierte Gärtnerin wie Gritli Liesenhoff war es nicht hinnehmbar, ihre liebevoll angelegten Beete immer wieder verwüstet vorzufinden. Es waren nicht nur die Pflanzen angenagt, auch Knollen und Wurzeln schmecken den Wildkaninchen hervorragend.

← Can Estel auf Mallorca ist ein Gesamtkunstwerk – ein stattliches Herrenhaus und ein prachtvoller Garten. Und die Whippets Pyramus, Thisbe und Motte sind ein Teil des Ganzen.

Einzäunung kam nicht infrage, denn erstens müsste man dafür sehr tief graben, weil das nämlich auch Kaninchen tun, und zweitens sind die Gärten auf Mallorca sehr groß. Wirklich sehr groß, so wie der Garten der Familie Liesenhoff, den die Hausherrin im Laufe der Jahre zu einem prächtigen Areal von mehr als 30.000 Quadratmetern geformt hat, ein romantischer Traum voller Überraschungen für jeden Besucher.

Wegen der Kaninchen haben die Liesenhoffs sich Hunde angeschafft, zuerst einen Mischling, den ihnen der Tierarzt vermittelte. Milou hat sie 16 Jahre durch den Garten begleitet, dann kamen die Whippets. Die eleganten kleinen Jäger, die schon vor 200 Jahren in England die Bergbaugruben kaninchenfrei hielten, werden auch auf Mallorca zur Jagd benutzt. Als eines Tages der Gärtner Tomeu mit seinen Hunden kam, um den Kaninchen die Stirn zu bieten, war es um Gritli Liesenhoff geschehen. Solch edle Tiere! Die passten genau zu ihren Vorstellungen von Schönheit und Ästhetik. Dass sie auch noch einen ganz wunderbaren Charakter haben, erfuhr sie erst, als sie sich schon entschieden hatte. Tomeu besorgte ihr zwei Hunde von verschiedenen Züchtern. »Wir haben sie nie erzogen«, sagt die Hausherrin. Und dennoch funktioniert das Familienleben ohne Probleme.

Als Gritli und Hans Liesenhoff vor fast 30 Jahren ihr Traumhaus planten, hatten sie schon eine Vision davon, wie sich ihr Leben darin gestalten würde – dass die aber von der Wirklichkeit weit übertroffen wurde, zeigt sich in den vielen Facetten dieses außergewöhnlichen Ehepaares.

Da ist zunächst das Haus selbst. Sie haben Bücher gewälzt und Besichtigungstouren unternommen, um sich darüber klar zu werden, wie es aussehen sollte. Zehn Jahre bevor Hans Liesenhoff im Jahr 2000 sein Berufsleben als Professor der Augenmedizin an der Universität Heidelberg beenden sollte, haben die beiden dieses Grundstück auf Mallorca gefunden. Das Erste, was ihnen dabei aufgefallen war, ist das Bachbett, das heute blühende Lavendelsträucher säumen. Und als der Professor meinte: »Darüber

»Wir haben sie nie erzogen«, sagt die Hausherrin. Und dennoch funktioniert das Familienleben ohne Probleme.

↑ Gritli Liesenhoff sammelt mit großer Leidenschaft Antiquitäten und Kuriosa rund um den Hund. Hier eine ihrer zahlreichen Wiener Bronzen, ein kleiner Foxterrier. Ihre Sammlung ist groß, bunt und vielseitig: von der Garten-Plastik bis zu Spazier-Stöcken mit Hundekopf.
→ Gritli Liesenhoff beim täglichen Rundgang durch ihr Gartenreich. Immer dabei: Pyramus, Thisbe und Motte.

bauen wir eine Brücke«, stimmte seine Frau dem Kauf sofort zu.
Gebaut wurde dann ein großzügiges und charaktervolles Landhaus, dessen Stil nicht eindeutig zuzuordnen ist. »Manche fühlen sich an Südfrankreich erinnert, andere an Italien. Wenn Mallorquiner kommen, sagen sie: Es ist gut restauriert.« Gritli Liesenhoff lacht ihr mädchenhaftes Lachen. »Dabei haben wir es von Grund auf gebaut und ganz allein entworfen.«

Was aber das eigentlich Wunderbare ist, ist die liebevolle Betrachtung von Mensch, Tier und Pflanze, die Gritli und Hans Liesenhoff allem um sie herum angedeihen lassen.

Die Kreativität der Hausherrin weitet sich auch aus auf den Garten, der gleichzeitig mit dem Hausbau begonnen wurde und in dem sie tagein, tagaus zusammen mit drei Gärtnern und ihren Hunden arbeitet, wie sie augenzwinkernd anmerkt. Mittlerweile sind es drei Whippets, denn der impulsgebende Gärtner bat sich den schönen Rüden einmal zur Zucht aus. Bedingung dafür war ein Welpe aus dem Wurf. So springt nun neben Pyramus und Thisbe auch die zierliche Motte fröhlich durch die Gartenräume.

GRITLI LIESENHOFF

Meine Erfahrungen

WENN DER FUNKE ÜBERSPRINGT

»Antiquitätenläden, Auktionen, Flohmärkte – allein der Geruch von altem Papier, Holz, Bienenwachs und Silberpolitur lässt Sammlerherzen hüpfen. Egal ob es bei der Sammelleidenschaft um das Objekt selbst geht, die Neugier nach seiner Geschichte oder nur darum, etwas zu besitzen, was sonst niemand hat: Das Gefühl des Haben-Müssens ist immer gleich. Der Ablauf eines Kaufs auch: Ist der Jagdtrieb erstmal geweckt, huscht der Blick rasant von Tisch zu Regal zu Vitrine, um möglichst schnell einen umfassenden Überblick zu bekommen. Mit einem Spürsinn wie Nachbars Lumpi auf Brautschau. Ein wirkilich guter Tipp für jeden Sammler: Zügeln Sie sich! Zeigen Sie Ihre Freude nur in Maßen. Alles andere treibt die Preise in die Höhe.«

SAMMELN JA, ABER WAS?

»In Bronze gegossene Jagdhunde. Flaschenköpfe aus Porzellan. Spielzeugtiere aus Holz, Metall oder Plüsch – wer eine Sammlerkariere anstrebt, sollte sich in erster Linie begrenzen. Und zwar auf die Dinge, die er ab sofort sammeln möchte. Da die Auswahl unbegrenzt groß ist und man wirklich nicht alles mit nach Hause nehmen kann, hilft manchem Sammler die gedankliche Klammer, um von der Auswahl nicht erschlagen zu werden.«

Liebes-Momente

»Alles auf diesem Anwesen strahlt eine große Schönheit aus. Als ich meinen ersten Whippet sah, war es um mich geschehen. Solch edle Tiere!«

ONLINE IST NICHTS DAGEGEN

»Das Sammeln hat immer etwas Haptisches, das niemals durch das Internet abgelöst werden kann. Das Anfassen, das Hin- und Herschieben, das Angucken machen die Befriedigung aus. Das Glück, den Zufallsfund eines seltenen Tabakbehälters mit Hundekopf für einen ziemlich geringen Preis nach Hause tragen zu können, muss so ähnlich sein wie der große Fleischknochen für den Hund. Zum Umfallen schön. Nur wer wirklich etwas von den Dingen versteht, die er sammeln und kaufen möchte, sollte im Internet danach suchen. Für alle anderen gilt: Kaufen Sie, was Sie von allen Seiten begucken, was Sie riechen und fühlen können. Das Ding soll ja mit Ihnen nach Hause.«

TEXT MARIANNE VON WALDENFELS, JENNIFER DIXON
FOTOS PAUL GÜNTHER

Wolfgangs Wille geschehe ...?

»Wolfgang ist ein Rottweiler, gefangen in einem 4,5 Kilo schweren Körper«, verrät die Journalistin und Late-Night-Talkerin Ariane Alter über ihren prachtvollen Zwergdackel, der am liebsten in den Armen seiner schlagfertigen Besitzerin thront.

BAZI, BLUNZN, BREZNSOIZER
volk
Bairisch gredt von A bis Z
Johann Rottmeir

Sie hält den Guinness-Rekord im Dauermoderieren. Stellt sich für ihre Sendung »Das schaffst du nie« auf Funk, dem Jugendprogramm von ARD und ZDF, den abenteuerlichsten Challenges – vom Eislauf-Marathon über einen waghalsigen Bob-Slide die Olympia-Schanze hinab bis zum nervenaufreibenden Mathe-Wettkampf gegen Siebtklässler.

↖ Unwiderstehlich: der herzerwärmende Dackelblick.
←← Fast wie bei Dumbo: die niedlichen Schlappohren.
← Lektüre für die nach Bayern »zuagroaste« Moderatorin.

Jetzt sorgt die gebürtige Berlinerin, die in München lebt, mit ihrer Show »Late Night Alter« auf ZDFneo für Schlagzeilen. Und wird von der Presse als äußerst unterhaltsamer Host gefeiert, die immer wieder relevante Themen aufgreift. Wie ist die Moderatorin, die dafür berühmt ist, kein Blatt vor den Mund zu nehmen, auf den Dackel gekommen? »Ich bin mit einem Rauhaardackel aufgewachsen. Daher kenne und liebe ich diese Rasse seit meiner Kindheit.
Es macht mich sehr glücklich, einen Dackel zu sehen. Die fröhliche Art und der ulkige Körperbau bringen mich immer zum Lächeln – und so geht es anderen Menschen auch. Ich werde so oft mit Wolfgang angesprochen.«
Wolfgang ist eigentlich Brite. Er kam etwa 1,5 Autostunden von London entfernt zur Welt. »Die Züchterinnen nannten ihn Tiny, weil er der Kleinste im Wurf war. Seine Farbe heißt Blue Tan. Und da ich eigentlich einen Dackel und einen Weimaraner haben wollte, der Weimaraner aber viel zu groß für mein Leben ist, ist Wolfgang die perfekte Kombination.«
Anfangs ist der Vierbeiner über unseren Besuch in dem lässig-modern eingerichteten Apartment in der Münchner Ludwigsvorstadt gar nicht erfreut. Er bellt, weicht seinem Frauchen nicht von der Seite und sähe es am liebsten, wenn wir die Wohnung schleunigst wieder verließen. Als sich Ariane auf dem Sofa niederlässt, springt er sofort auf ihren Schoß und beobachtet uns mit Argusaugen. Dem Wohnzimmer hat die Moderatorin mit verschiedenen Kunstwerken einen sehr persönlichen, unkonventionellen Touch verliehen. Das deckenhohe Bild mit der Aufschrift »Irgendwie schräg, aber auf jeden Fall

> »Die fröhliche Art und der ulkige Körperbau bringen mich immer zum Lächeln – und so geht es anderen Menschen auch.«

blau« hat sie selbst gemalt, an der großen Wand hängt ein gelungener Mix aus privaten Fotos und Gemälden, die sie und ihr Lebensgefährte aus den verschiedensten Ecken der Welt mitgebracht haben. Eines stammt beispielsweise

↑ *Das deckenhohe Kunstwerk stammt aus dem Pinsel der Moderatorin. Wolfgangs Körbchen und Kuscheldecke passen farblich perfekt dazu.*

von einem Kunstmarkt in Hanoi. Auch das Esszimmer des Paares beherbergt ganz spezielle Stücke. So etwa ein ziemlich altes, überdimensional großes Radiogerät, das dem Großvater von Arianes Lebensgefährten gehörte und auf dem ein paar besondere Stücke ausgestellt sind – unter anderem ein Dolch, den die Moderatorin selbst geschmiedet hat. Darunter ist der Staubsauger-Roboter versteckt. »Ein nerviges Teil.« Ariane verdreht die Augen. »Eigentlich habe ich zwei Hunde – Wolfgang und den Saugroboter –, Wolfgang ist allerdings unproblematischer.« Am großen Esstisch aus Holz sitzt die Late-Night-Talkerin oft am Computer und arbeitet, der schöne Wolfgang natürlich auf ihrem Schoß. Ist das sein Lieblingsplatz?
»Ja, aber Sofa und Bett mag er ebenfalls sehr, auch wenn er nicht immer in den Genuss kommt. Aber am liebsten hat er sein Körbchen zwischen Küche und Esszimmer. Oft ist dort die ganze Familie und wuselt herum, er hingegen schläft und schaut nur ab und zu, ob etwas zum Essen heruntergefallen ist. Er ist nämlich klug, doch nur wenn es ums Essen geht …« Das demonstriert der feine Dackel, als uns eines seiner Lieblingsspielzeuge gezeigt wird. Eine Art Puzzle aus Holz mit Deckeln, unter denen Frauchen Leckerlis versteckt. Ariane Alter, der auf Instagram über 200.000 Menschen folgen, wird von ihren Fans unter anderem wegen ihres lustigen und gerne mal provokanten Blicks auf aktuelle Geschehnisse verehrt. Sie zeigt Haltung – allerdings immer ohne erhobenen Zeigefinder. Wolfgang begleitet sie oft mit ins Studio, jedoch gibt es dort für die Kollegen strenge Vorschriften. »Er mag keinen Kontakt mit völlig Fremden. Deswegen gilt die Regel: Keiner spricht ihn an, keiner sieht ihn an.« Und wer passt auf ihn auf, wenn er mal nicht mitreisen kann? »Mein Partner. Dazu haben wir noch unsere Eltern, die den Hund ironisch den Fellenkel nennen. Der Mops meiner Mutter und Wolfgang sind enge Freunde. Meine Mutter kann es immer kaum erwarten, ihn zu hüten. Und rückt ihn dann nur ungern wieder raus.«

↖ Das Halsband ihres Dackels hat Ariane Alter selbst gemacht.
↑ Wolfgangs Lieblingsspielzeug: ein Puzzle mit Deckeln, unter denen Frauchen Leckerlis versteckt.
← Bitte, bitte, lass doch ein Krümelchen herunterfallen …

ARIANE ALTER

Meine Erfahrungen

NACHHALTIGER LEBEN MIT HUND

»Bei dem Spielzeug setze ich auf Seile und Holz. Ich mache auch die Leinen und Halsbänder für Wolfgang selbst. Mit ein wenig Talent und Material aus dem Baumarkt geht das wirklich ganz leicht.«

Liebes-Momente

»Wolfgang trägt, wenn jemand in die Wohnung kommt, sehr gern Schuhe von A nach B und es sieht sehr lustig aus, wenn er zum Beispiel einen Moonboot schleppt, der doppelt so groß ist wie er selbst.«

DAS PACKE ICH EIN, WENN ICH MIT IHM REISE

»Seine Schlaftasche ist Pflicht. Die liebt er. Das ist auch sein sicherer Rückzugsort. Dazu kommen noch die Wasserflasche, Futter und im Winter ein oder zwei Pullis.«

DAS MACHT MEIN ZUHAUSE AUS

»Bequeme Möbel. Und ganz wichtig ist, dass Menschen und Tiere auf ihnen sitzen, die man liebt.«

Die 20 beliebtesten Hunderassen für Familien

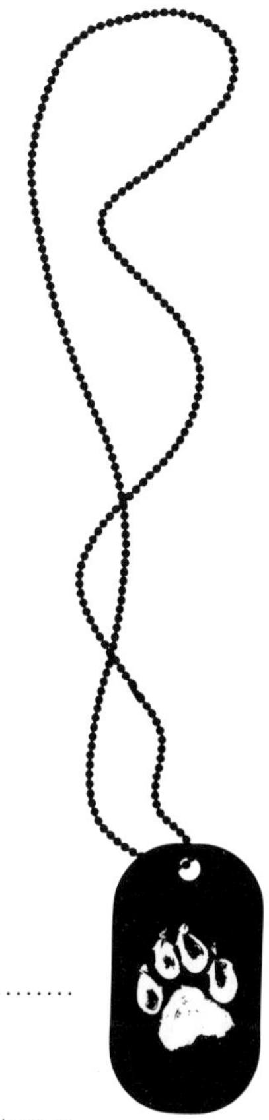

KEINE KLÄFFER

① **Labrador Retriever**
Ursprünglich wurden sie für die Jagd gezüchtet. Eine Anforderung dabei war, dass diese das Wasser liebenden Tiere mitunter stundenlang ruhig neben dem Jäger verweilen mussten, bis dieser zum Schuss kam. Daher bellen Labbies wenig, selbst beim Toben und Spielen.

② **Windhunde**
Afghane, Barsoi, Greyhound, italienisches Windspiel, Wippet oder Silken Windsprite bellen so gut wie gar nicht. Außerdem riechen sie kaum und sind deshalb gut als Wohnungshunde geeignet. Allerdings sind sie zart besaitet, sie brauchen ein ruhiges Umfeld und ab und zu einen Sprint.

← Ein ruhiger Zeitgenosse: Der Whippet.

③ **Basenji**
Diese recht urtümliche Rasse aus Afrika ist ausgesprochen still. Allenfalls geben die Hunde ein gelegentliches Heulen von sich. Ein weiterer Vorteil: Basenjis haaren nicht. Trotz schicker Attribute sind diese Hunde für Anfänger allerdings nicht zu empfehlen.

④ **Leonberger**
Dieser Hund ist zwar groß, aber gemütlich. Leonberger bellen nur, wenn Fremde sich dem Revier nähern. Aufgrund ihrer Maße eignen sie sich eher für ein Haus im Grünen, außerdem ist eine intensive Fellpflege bei dieser Rasse dringend notwendig.

⑤ **Cavalier-King-Charles-Spaniel**
Er ist ein echter Anfängerhund: freundlich, anhänglich, entspannt, ausgeglichen. Da er nur selten bellt, passt dieser Hund gut zu Menschen, die in einer Stadtwohnung leben und Rücksicht auf ihre Nachbarn nehmen müssen.

HUNDE, DIE NICHT HAAREN

⑥
Bichons
Malteser, Havaneser, Bologneser und Bichon Frisée zählen zu den sogenannten Bichon-Rassen. Während Bologneser und Bichon Frisées gelocktes bzw. gekräuseltes Fell haben, präsentieren sich Malteser und Havaneser mit langem, weichem, glattem bis gewelltem Haar. Bichons besitzen kaum Unterwolle und ein Haarwechsel zwischen Sommer- und Winterfell findet nicht statt.

⑦
Tibet Terrier
Trotz seines üppigen Fells gehört das sehr agile und lauffreudige Tier zu den beliebtesten Gattungen der Hunde, die nicht haaren. Das lange Fell wird nur mit Kämmen und Bürsten gepflegt, es muss weder getrimmt noch geschnitten werden, außer wenn das Kopfhaar gekürzt werden soll.

⑧
Cairn Terrier
Das Fell ist ebenso robust wie das ganze Tier und benötigt wenig Pflege. Es sollte ab und an ausgebürstet werden, da Cairn Terrier ihr abgestorbenes Haar nicht selbstständig verlieren und von Zeit zu Zeit getrimmt werden müssen.

⑨
Schnauzer
Sein drahtiges, raues Fell ist wenig bis gar nicht vom Fellwechsel betroffen, muss jedoch regelmäßig getrimmt und darf keinesfalls geschoren werden. Riesenschnauzer sind sehr selbstbewusste, kernige Hunde, es gibt den Riesen jedoch ein bis zwei Nummern kleiner als Mittel- oder Zwergschnauzer.

⑩
Lagotto Romagnolo
Er ist ein wunderbarer Begleit- und Familienhund und zählt zu den mittelalterlichen Wasserhunden. Das Fell wird mehrmals jährlich einfach abgeschoren, um das rustikale Aussehen zu betonen. Der Lagotto Romagnolo ist für seinen Spürsinn bekannt und wird in Italien heute noch als Trüffelsucher eingesetzt.

↓ Freundlich und pflegeleicht: Der Schnauzer.

← *Besonders anhänglich: Der Sheltie.*

KEINE JÄGER

⑪
Spitz
Der Spitz ist eine der ältesten Haushunderassen und auf der ganzen Welt als Wachhund bekannt. Er bellt gern, besitzt aber kaum Jagdtrieb. Seine Passion ist das Aufpassen, nicht das Wild. Mit den größeren Schlägen kann man gut Hundesport betreiben, die kleinen eignen sich bestens als Gesellschafter.

⑫
Berner Sennenhund
Der gutmütige, imposante Hund gehört zu den klassischen Haus- und Hofhunden, er ist ideal dazu geeignet, auf einem Bauernhof zu leben. Beim Wandern kann man ihn auch das Gepäck tragen lassen. Ansonsten sucht dieser Hund nicht nach einer besonderen Lebensaufgabe.

⑬
Elo
Er ist eher eine Marke als eine Hunderasse. Denn seine Erfinder, Marita und Heinz Szobries, legen bei der Zucht keinen Wert auf ein bestimmtes Aussehen. Die Wesenszüge sind entscheidend: hohe Reizschwelle, leicht erziehbar, wenig bis gar kein Jagdtrieb.

⑭
Sheltie
Durch seine Hütehundabstammung neigt der Sheltie nicht zum Jagen, sodass leinenlosen Spaziergängen wenig im Weg steht. Dafür ist er ein »redseliger« Hund, der auch die Aufgabe des Wachens gern lautstark wahrnimmt.

⑮
Tibet-Spaniel
Obwohl er die Zusatzbezeichnung »Spaniel« trägt, ist der Tibet-Spaniel keineswegs ein Spaniel. So besitzt er zum Beispiel keinerlei Jagdtrieb, welcher für Spaniels typisch ist. In früheren Zeiten hatte er im Himalaya die Aufgabe, Haus und Hof von Mäusen und Ratten frei zu halten sowie Fremde zu melden, er diente aber auch als Luxushund.

HUNDE MIT WILL TO PLEASE

(16)

Collies

Ein Collie stellt im Wesentlichen zwei Ansprüche: Er will immer mit dabei sein dürfen und viel laufen. Diese Hunde sind temperamentvoll, spielfreudig, ausgesprochen intelligent und zugleich gerne gehorsam. Allen Colliearten gemeinsam sind eine ausgeprägte Bindungsbereitschaft, Lernfreude und Leichtführigkeit.

(17)

Pudel

Egal mit welcher Frisur, der Pudel ist liebenswürdig, pfiffig, spritzig und immer bemüht, es seiner Familie recht zu machen. Er unternimmt lieber etwas mit seinem Menschen, als mit Artgenossen zu spielen. Die großen haben hin und wieder noch etwas Jagdpassion, die kleinen sind bellfreudiger und aktiver.

(18)

Doodles, Cockerpoos, Malipoos & Co.

Es gibt Rassehunde und, na klar, Mischlinge. Seit einigen Jahren existiert noch eine dritte Kategorie, Designerdogs, auch Hybrid-Hunde genannt. Am beliebtesten ist der Goldendoodle, im Idealfall ist er devot, sanftmütig, verspielt und apportiert gern.

(19)

Setter

Der Gehorsam liegt ihnen im Blut, Setter sind nicht auf Machtproben aus. Sie sind weicher und anschmiegsamer als andere Jagdhunderassen. Trotzdem sind entspannte Spaziergänge, wenn überhaupt, erst im Greisenalter möglich. Dieser Hund muss laufen und arbeiten dürfen, dann ist er auch ein angenehmer Familienhund.

(20)

Golden Retriever

Ein Golden vertreibt keinen Einbrecher, stattdessen freut er sich über Besuch und hilft, die Wertsachen aus dem Haus zu tragen. Diese Beschreibung kennzeichnet die Rasse ganz gut. Der Golden wünscht sich nichts mehr, als zu gefallen und seinem Menschen zuzuarbeiten. Er ist sensibler und im Umgang feiner als sein Verwandter, der Labrador Retriever.

↓ Treu und intelligent: Der Pudel.
→ Besonders anpassungsfähig: Der Golden Retriever.

WELCHE RASSE

passt zu mir?

WACH- UND SCHUTZHUNDTYP

Diese Hunde sind in der Regel von beeindruckender Statur. Nahezu selbstständig bewachen sie Haus und Hof und die Menschen, die dort wohnen. Auch die Fähigkeit, Menschen zu verteidigen, ist zum Teil angeboren oder kann erlernt werden. Einige »Diensthunderassen« gehören auch in diese Gruppe.
In diesem Fall sind Hundehalter gefragt, die zum einen solch ein Verhalten nicht ablehnen und zum anderen ihren Hund so erziehen, dass er sein Territorium nicht maßlos »erweitert«. Hunde dieser Kategorie haben trotz ihrer Größe keinen außerordentlich großen Bewegungsdrang. Aufgrund ihrer kräftigen Statur sollten sie nur von Personen geführt werden, die körperlich auch in der Lage sind, den Hund festzuhalten. Sie erfordern ein gewisses Durchsetzungsvermögen und eine konsequente Erziehung.

Diese Rassen passen: Deutscher Schäferhund, Deutsche Dogge, Deutscher Boxer, Rottweiler, Riesenschnauzer, Berner Sennenhund, Hovawart, Airedale Terrier, Neufundländer, Leonberger, Dobermann.

JAGD-, LAUF- UND HÜTEHUNDTYP

Diese sportlichen und wendigen Hundetypen sind sehr bewegungsfreudig. Ihre Fähigkeiten geben sich gern bereits früh zu erkennen und der Mensch muss diese Hunde auf Spaziergängen gut unter Kontrolle haben, damit sie nicht zu unerwünschten Jägern oder Hetzern werden. Eine sinnvolle Form der Beschäftigung oder Arbeit mit dem Tier kann da einer unguten Eigendynamik vorbeugen. Für Hunde dieses Typs ist eine gewisse Erfahrung vonnöten und die Bereitschaft, sich intensiv mit dem Tier auseinanderzusetzen. Diese anspruchsvollen Tiere haben zudem ein großes Bewegungsbedürfnis und erfordern einen relativ hohen Zeiteinsatz. Lust auf Hundesport? Agility ist zu empfehlen, zu viel Aktionismus sollte dabei aber vermieden werden, weil der Hund sonst immer weiter aufdreht.

Diese Rassen passen: Deutsch Drahthaar, Labrador Retriever, Golden Retriever, Deutsch Kurzhaar, Collie, Kleiner Münsterländer, Rhodesian Ridgeback, Shetland Sheepdog, Dalmatiner, Beagle, Bearded Collie, Border Collie, Weimaraner, Deutsch Langhaar, Deutscher Wachtelhund.

TERRIER- UND DACHSHUNDTYP

Ob Draufgänger oder schlicht größenwahnsinnig (sprich selbstbewusst), man muss sie einfach lieben. Diese sehr aktiven Hunde zeichnen sich durch eine hohe Durchsetzungsfähigkeit aus. Das macht das Zusammenleben mit ihnen nicht immer einfach, denn was für den Jäger ganz sinnvoll erscheint, will manchmal so gar nicht in den Stadtpark passen. Auch wenn die meisten Terrier kleinwüchsig sind – was sie nicht unbedingt wissen –, gehört ein »gutes Händchen« für ihre Erziehung (Sozialverhalten) zur unbedingten Fähigkeit der Hundehalter. Eine konsequente Erziehung ist wichtig, denn diese kleinen Energiebündel werden häufig unterschätzt.

Diese Rassen passen: Teckel, Deutscher Jagdterrier, Cairn Terrier, Foxterrier, Parson Russell Terrier.

SCHOSS- UND GESELLSCHAFTS-HUNDETYP

Schon seit ewigen Zeiten gibt es sogenannte Gesellschaftshunde. Überwiegend in herrschaftlichen Bereichen der menschlichen Gesellschaft dienten die Kleinhunde der Beschäftigung zumeist »einsamer Herzen« oder als Prestigeobjekt. Auch in der heutigen Zeit erfreuen sich viele Menschen an kleinen Hunden dieses Typs und genießen deren Gesellschaft. Ihre geringe Körpergröße darf aber nicht darüber hinwegtäuschen, dass man sie als Hunde ernst nehmen sollte. Sie können laufen und müssen nicht dauerhaft getragen werden! Kleinhunde können sich für Hundeneulinge eignen, weil sie aufgrund ihrer geringen Größe gut händelbar sind. Sie sind oft sehr anhänglich, auf den Menschen bezogen und verschmust. Aber bedenken Sie: Liebe geht nicht nur durch den Magen. Also bitte, nicht überfüttern!

Diese Rassen passen: Pudel, English Cocker Spaniel, Zwergschnauzer, West Highland White Terrier, Yorkshire Terrier, Cavalier-King-Charles-Spaniel, Chihuahua, Tibet Terrier, Mops, Französische Bulldogge.

Warum Tierschutz sein muss

Die Hälfte aller deutschen Tierheime steht vor dem Aus. Nur wenigen gelingt der Balanceakt zwischen Wirtschaftlichkeit und Tierschutz. Doch täglich kommen neue Tiere hinzu – aus dem Ausland, von Hundevermehrern oder weil die Schützlinge ihre Menschen überfordern.

Kein Geld, keine Zeit, keine Lust.
Soziale oder persönliche Umstände zwingen manche Menschen dazu, ihr Tier in ein Heim zu geben. Auch eine schwere Erkrankung oder der Umzug in ein Pflegeheim bedeuten für Hund und Mensch: Wir müssen uns trennen. Das war schon immer so, doch die Rasanz, mit der die Zahlen von Tierheimhunden steigen, ist erschreckend. Alte und kranke Tiere, die von ihren Haltern nicht mehr versorgt werden können, werden stetig mehr. Sie gehören zu den schwer vermittelbaren Fällen. Tierheime suchen nach Lösungen, so hat das Tierheim Nürnberg eine Futterausgabestelle für Bedürftige eingerichtet, damit wenigstens die Kosten für die Versorgung niemanden zur Abgabe seines Hundes nötigen.

Spontan sein ist alles.
»Mein Hund kann nicht allein bleiben. Er ist plötzlich aggressiv. Ich will doch keinen Stress mit ihm haben.« In Deutschland steigt die Zahl der Hunde, die ihre Besitzer angeblich tyranni-

sieren. Hundeschulen schießen zwar wie Pilze aus dem Boden, doch nicht alle Halter machen sich die Mühe, dem Hund Sozialverträglichkeit beizubringen. Gibt es Stress mit dem Hund und kaum Zeit, sich darum zu kümmern, wird das Tier nicht selten abgeschoben. Fehlende Sozialverträglichkeit ist dann oft der Grund, warum der Aufenthalt im Tierheim lange dauern kann. Eine intensivere Auseinandersetzung mit der Lieblingsrasse und den Bedürfnissen von Hunden VOR dem Tierkauf hätte manche abrupte Trennung verhindern können.

Das Verständnis fehlt.
Verstehen wir den Hund nicht mehr? Brauchen wir Nachhilfe in Erziehung? Thomas Schröder vom deutschen Tierschutzbund fordert seit Jahren einen Sachkundenachweis für jeden, der sich einen Hund anschafft. Er rät: Beschäftigt euch erst einmal intensiv mit dem Thema, bevor ihr die Verantwortung für ein Tier übernehmt. Denn die Folgen mangelnder erzieherischer Zuwendung sind sichtbar. Doch solche Hunde binden Kapazitäten und belasten die Tierheimkasse. In Koblenz versucht man daher, durch intensive Gespräche mit den Tierbesitzern herauszufinden, ob Hund und Halter nicht doch noch eine Chance haben. Offenbar mit Erfolg: Mehr als die Hälfte geht mit Hund und der Visitenkarte einer guten Hundeschule wieder nach Hause.

Die Frage der Haltung.
Boxer-Rüde Louis wurde in einer Wohnung zurückgelassen. Als man ihn durch Zufall nach drei Wochen entdeckte, wog er 21 statt der für ihn üblichen 55 Kilo. Häufig ziehen Schicksalsschläge eine Verwahrlosung der Tiere nach sich. Auch das »Sammeln« von Tieren nimmt zu. Animal Hoarding ist nach Einschätzung einer Amtsveterinärin in Brandenburg eine psychische Erkrankung, die immer häufiger auftritt. Die Beobachtungen des deutschen Tierschutzbunds gehen in dieselbe Richtung. Auf seiner Website liest man: »Tiersammler sind blind für das Leid ihrer Tiere. Seit wir die Hoarding-Fälle aufzeichnen, mussten mehrere Tausend Tiere aus katastrophalen Tierhaltungen gerettet werden.«

Nicht jeder hat Glück.
Die Vermittlung von großen Hunden wird schwieriger. Immer weniger Freilaufflächen, Leinenpflicht oder komplette Hundeverbote machen die Haltung von großen Hunden komplizierter. Auch Wohnungsbaugesellschaften haben nach Beißvorfällen ihre Mietverträge verschärft. Listenhunde sind aufgrund der vielen Auflagen kaum unterzubringen, sie bleiben zum Teil sechs, acht Jahre im Tierheim, oft so lang, bis sie sterben. Wer auf der Suche nach einem neuen Hund ist, sollte auch bedenken, dass die Auflagen für Listenhunde in den Bundesländern unterschiedlich gehandhabt werden. Zwar fordert der deutsche Tierschutzbund seit Jahren, anstelle von bloßen Rasselisten die Gefährlichkeit jedes einzelnen Hundes zu beurteilen. Bislang leider ohne Erfolg.

Süßes aus dem Süden.
Die Versuchung ist groß, statt eines hiesigen Heimtiers lieber einen goldigen Welpen aus Griechenland oder Spanien aufzunehmen. Zwar hat

← Gute Gründe für einen Hund aus dem Tierschutz gibt es viele!
↑ 75.000 Hunde warten derzeit in deutschen Tierheimen darauf, in gute Hände zu kommen.

↑ *Welpen sind begehrt. Dies ruft auch skupellose Händler auf den Plan, die die Tiere ungeimpft und unsozialisiert weiterverkaufen.*

Corona kurzfristig einen Riegel vor den Import von Auslandshunden geschoben, doch weiterhin kommen täglich mehr Hunde zu uns. Nicht wenige landen in deutschen Tierheimen, weil sich die Bedürfnisse eines Strandhundes nicht mit dem Alltag in einer deutschen Etagenwohnung vertragen und seine Auffälligkeiten und Aggressionen Probleme bereiten. Manche Tierheime suchen nach anderen Lösungen und zahlen einen Teil der eingenommenen Vermittlungsgebühr an Tierheime im Ausland zurück. Mit dem Geld wird dort vor allem kastriert, um die Zahl der Tiere zu begrenzen.

Billiger geht immer. »Wühltischwelpen« sind die Geschäftsidee skrupelloser Züchter. Hunde werden in gigantischen Anlagen produziert, viel zu früh von der Mutter getrennt und kreuz und quer durch Europa transportiert. Häufig ungeimpft und nicht sozialisiert. Die Folge: Bei den Routinekontrollen der Polizei werden unter Heckklappen und in Transportern oft mehr als 100 Welpen gefunden, die dem nächstgelegenen Tierheim übergeben werden. Personal-, Futter- sowie Tierarztkosten gehen dort durch die Decke, denn viele der ungeimpften Welpen werden ernsthaft krank. Mit jedem Kaufverzicht eines solchen Tieres kann der abartige Handel gestoppt werden.

Was zu wünschen wäre.

Es braucht ein Überdenken der Rasselisten, die rigorose Bekämpfung der illegalen Hundevermehrung sowie die Pflicht zu sachkundiger Beratung bei Verkauf und Vermittlung von Tieren. Denn Tierschutz kostet Geld. Und statt zeit- und kraftraubender Verhandlungen um Mindestzuschüsse braucht es im Tierschutz leistungs- und aufwandsgerechte finanzielle Unterstützung, die ihn handlungsfähig bleiben lässt. Warum nicht einen Teil der vereinnahmten Hundesteuer in die Finanzierung der Tierheime fließen lassen? Sozusagen Hilfe von Hund zu Hund! Warum nicht überlegen, ob der nächste Hund nicht aus dem Tierheim statt vom Züchter kommt? Die derzeit 75.000 Hunde in deutschen Tierheimen in gute Hände zu geben, ist eine Riesenaufgabe. Helfen ist immer der erste Schritt.

Tierschutz-Anlaufstellen

www.tierschutzbund.de
Der deutsche Tierschutzbund kämpft gegen illegale Hundefabriken, klärt auf und arbeitet auf internationaler Ebene gegen teils seriös wirkende Züchterbanden.

www.dogworld.de
Die Stiftung von Thonas und Ina Baumann kümmert sich um die Schulung von Tierheimpersonal und verbessert die Lebensbedingungen für Hunde in Tierheimen

www.tasso.net
Engagiert sich seit über 30 Jahren im Tierschutz, verfügt unter anderem über ein ausgefeiltes, deutschlandweites Netzwerk für die Suche nach entlaufenen Tieren und anderen Hunden in Not.

www.angsthunde.de
Integrationsbegleitung für Tierschutz-/Tierheimhunde ins neue Heim und alle sogenannte aussichtslose Fälle. Auch telefonische Beratung!

www.retriever-in-not.de
Vermittlung von Abgabehunden und Tieren aus schlechter Haltung, insbesondere ehemaligen Zuchthunden aus Vermehrerfarmen und Massenzuchten.

MEIN HUND VOM STRAND

- PRAKTISCHE TIPPS FÜR DEN URLAUBSTIERSCHÜTZER -

→ Suchen Sie vorab lokale Tierschutzorganisationen heraus. Sie helfen im Notfall weiter.

→ Keine Tiere einfach mitnehmen. Sie könnten sich strafbar machen. Übrigens: Straßentiere sind auf Hotelgeländen meist unerwünscht, wer Tiere mitbringt oder anfüttert, riskiert ihr Leben.

→ Schauen Sie hin, wenn ein Tier Hilfe braucht: Notieren Sie Fundort und Zustand und verständigen Sie einen Tierschutzverein. Übernehmen Sie die Kosten für die Behandlung und Unterbringung.

→ Füttern Sie keine Straßenhunde. Fütterungen haben eine erhöhte Geburtenrate und den Kampf um angestammte Futterplätze zur Folge.

→ Positives Feedback an den Hotelmanager oder das Ressort hilft, damit bewusster auf Tierschutz geachtet wird.

→ Sollten Sie sich dennoch in ein Tier verlieben, stellen Sie die Unterbringung sicher und nehmen Sie Kontakt zu einer Hilfsorganisationen auf. Wichtig: Einen Hund im Urlaub zu adoptieren ist ein langwieriger und oft schwieriger Prozess.

→ Wer helfen will, kann sich als Flugpate zur Verfügung stellen. Sie begleiten ein Tier nach Deutschland bis in die Hände einer Tierschutzorganisation. Doch Achtung: Für die Zeit des Fluges ist der Flugpate der Besitzer und haftet für alle Eventualitäten.

→ Zeigen Sie soziale und finanzielle Mitverantwortung und unterstützen Sie Vereine, die nachhaltig vor Ort tätig sind. Geben Sie die Erfahrungen und Beobachtungen im Urlaubsland weiter. Teilen Sie sie im Netz und mit Freunden. Mitwissen schafft Öffentlichkeit. Und Öffentlichkeit macht Politik!

Arbeiten mit Wau-Faktor

Tierische Kollegen sorgen für mehr Effizienz, gute Stimmung und wirken beruhigend auf die Mitarbeiter – das haben diverse Studien in den letzten Jahren ergeben. Und auch, dass Frauchen und Herrchen, die ihren Vierbeiner mit zur Arbeit bringen dürfen, überdurchschnittlich motiviert sind.

↑ *»Hunde sind Stresskiller und Feel-good-Manager«, sagt Natascha Zejlko, Gründerin von Female-OneZero, über ihren (Büro-)Hund Lulu.*

Natascha Zejlko ist ebenfalls glücklich darüber, dass Lulu sie täglich zur Arbeit begleitet – auch weil er bei Vorstellungsgesprächen ein guter Sparringspartner ist. Sie ist Gründerin und Chefredakteurin von FemaleOneZero (F10), einem neuartigen englischsprachigen Onlinemagazin, das für eine globale Community die Megathemen der Arbeitswelt, Diversity, Digitalisierung und Female Empowerment, verbindet.

Könnten Sie Ihren (Büro)Hund kurz vorstellen?
»Lulu (eigentlich Luke) ist aus dem Tierschutz. Er stammt aus Cordoba in Andalusien und wurde dort zusammen mit einer Hündin, mutmaßlich seiner Schwester, ausgesetzt. Lulu ist zwei Hunde in einem: zu Hause ein Schaf. Super folgsam, lieb, anhänglich und menschenfreundlich. Draußen ein Wolf im Schafspelz. Ein passionierter Möchtegern-Jäger, der es vor allem auf Eichhörnchen abgesehen hat. Wir haben sehr viel Zeit und Mühe investiert, um Lulu einigermaßen auf Spur zu bekommen. Irgendwann haben wir gelernt, uns zu arrangieren mit diesem nicht perfekten – aber dann doch perfekten und sehr sensiblen, liebenswerten Hund.«

Warum sind Hunde im Büro eine gute Idee?
»Weil Hunde im Leben grundsätzlich eine gute Idee sind: Sie sind ein Stresskiller, ein Door-Opener, ein Feel-good-Manager. Sie geben einem normalen Officeday immer einen besonderen Spin. Und der Moment, wenn man ganz vertieft in eine Sache ist und man plötzlich angestupst wird und zwei große Augen einen mit diesem ›Hey, ich bin auch noch da‹-Blick anschauen – unbezahlbar.«

Wie hilft ein Bürohund gegen Stress?
»Weil er genau im richtigen Moment auftaucht, irgendwelchen Schabernack veranstaltet und alle zum Lachen bringt. Dass Hunde Stress reduzieren, ist ja kein Geheimnis mehr, weil sie Stresshormone und den Blutdruck senken.«

Was sind die Herausforderungen, wenn man einen Bürohund hat?
»Ich denke seit Tagen über diese Frage nach. Mir fallen keine ein.«

Was tut man, wenn jemand Angst vor Hunden hat? Wie kann man Vorurteile abbauen?
»Diese Situation hat man selten. Wenn doch, ist Rücksichtnahme das oberste Gebot. Draußen: sofort anleinen und schnell vorbeigehen. In der Wohnung selbst: Hund auf Abstand halten, eventuell in ein anderes Zimmer bringen. Und wenn es sich ergibt, behutsame Kontaktaufnahme. Um es mit Egon Bahr zu sagen: Wandel durch Annäherung.«

Was ist der Lieblingsplatz Ihres Hundes im Büro?
»Sein schickes Daybed (bestickt mit Eulen!). Es

liegt direkt vor dem Schreibtisch, praktischerweise mit einem kleinen Splitlevel dazwischen, sodass er den Kopf auflegen und beobachten kann, ob wir auch alles richtig machen und fleißig sind.

Können Sie uns ein besonderes Erlebnis mit Ihrem Bürohund erzählen?
»Bemerkenswert war, dass sich der sonst freundliche und Menschen gegenüber extrem aufgeschlossene Hund von einer Person partout nicht anfassen lassen wollte. Ein paar Wochen später hat sich herausgestellt: toxic person. Er hat (wie so viele Hunde) einen Sensor. Bei Vorstellungsgesprächen ist er deshalb ein wichtiger Sparringspartner. Legt er sich dazu und sucht die Nähe: approved!«

↑ *»Hunde verbessern das Betriebsklima«, meint Markus Beyer, Chef des Bundesverbands Bürohund.*

Haustiere am Arbeitsplatz machen die Mitarbeiter zufriedener, bestätigt auch der Chef des Bundesverbands Bürohund, Markus Beyer. Er gründete den Verband im Jahr 2014, unter anderem um Unternehmen zu ermutigen, Mitarbeiter mit Hund besser als bisher in den Arbeitsalltag zu integrieren. Ein weiterer Anlass war sein Golden Retriever Chester. Heute ist Nando, ebenfalls ein Golden Retriever, an seiner Seite.

Welche Wirkung haben Hunde im Büro auf Mitarbeiter?
»Die Anwesenheit eines Hundes fördert beim Menschen die Ausschüttung des Hormons Oxytocin, das auch Liebes- oder Kuschelhormon genannt wird. Dadurch wird die Bildung von Stresshormonen heruntergefahren, und das wiederum senkt die Risiken von Burn-out, Schlaganfällen, Herzinfarkten und Depressionen. Außerdem verbessern Hunde die Kommunikationskultur im Unternehmen. Man kommt viel leichter mit einem Kollegen aus einer anderen Abteilung ins Gespräch, mit dem man vorher vielleicht nichts zu tun hatte. Das Betriebsklima verbessert sich, die Menschen lächeln wieder mehr. Und die Loyalität der Mitarbeiter steigt.«

HUND IM BÜRO
so klappt es

Rechtssicherheit: Klären Sie auf jeden Fall vorher mit Ihrem Arbeitgeber, ob Sie Ihren Hund mitbringen dürfen. Und sprechen Sie mit Ihren Kolleginnen und Kollegen. Sollte jemand Angst haben oder skeptisch sein – zeigen Sie Verständnis und versuchen Sie, ein unkompliziertes Kennenlernen mit Ihrem Vierbeiner zu organisieren, um Vorurteile oder Furcht abzubauen.

Sozialverträglichkeit: Die meisten Hunde lieben es, überall dabei zu sein, und haben weder mit anderen Hunden noch mit Menschen Probleme. Wenn Ihr Hund ängstlich und unsicher ist oder einen ausgeprägten Schutztrieb hat und sein Gebiet verteidigen will, könnte es eher herausfordernd für Sie und stressig für den Hund werden, wenn er dem Büroalltag ausgesetzt wird.

Regeln: Stellen Sie gemeinsam mit Ihrem Arbeitgeber Regeln auf, in welchen Zimmern sich der Hund aufhalten darf beziehungsweise wo er an der Leine und wo er frei laufen darf. Klare Absprachen erleichtern das Miteinander.

Rückzugsort: Der Platz Ihres Hundes sollte geschützt hinter dem Schreibtisch sein, auf keinen Fall unmittelbar an einer Tür. Er braucht einen Platz, an dem er zur Ruhe kommen kann und nicht gestört wird.

Interview

RIECHEN, WIE DER HUND TICKT

- ALEXANDRA HOROWITZ -

Um ihre Vierbeiner besser zu verstehen, krabbelt Alexandra Horowitz schon mal auf allen vieren durchs Unterholz. Die Professorin für Psychologie gehört aktuell zu den führenden Wissenschaftlern auf dem Gebiet der Kognitionsleistung von Hunden. Am Barnard College in New York leitet sie das »Dog Cognition Lab« und geht für die Forschung auch der eigenen Nase nach.

Frau Horowitz, jeder Hundehalter will verstehen, wie Hunde die Welt wahrnehmen. Sollten wir uns mehr in sie hineinversetzen?

»Wir vermenschlichen unsere Hunde ganz automatisch. Es ist zwar zutreffend, einen wedelnden und winselnden Hund ‚glücklich' zu nennen, wenn er Sie an der Haustüre begrüßt. Die Forschung hat aber gezeigt, dass wir mit unseren Annahmen häufig danebenliegen. Allein die Tatsache, dass sie die Welt vor allem riechen – so wie wir die Welt vor allem sehen –, sollte uns nachdenklich machen. Hunde erkennen Orte, andere Hunde und uns Menschen primär am Geruch. Es ist eine ganz andere Art, die Welt zu erfahren.«

Das heißt, Sie haben mehr Verständnis und Geduld, wenn die Hunde minutenlang am Laternenpfahl schnüffeln?

»Ja, manche unserer Spaziergänge sind sehr, sehr langsam. Zu riechen ist Teil des Erlebnisses und der Spannung auf dem Spaziergang und hey, Gassi-gehen ist für sie und nicht für mich. Also bleiben wir stehen und schnüffeln.«

Sie sind sogar draußen herumgekrabbelt, um selbst an den Stellen zu riechen, für die sich vorher Ihre Hunde interessiert haben.

»Es war gewiss manchmal peinlich. Im besten Fall fand man mich albern, im schlimmsten Fall unanständig oder primitiv. Am meisten jedoch habe ich nicht von diesen Experimenten, sondern von den Ansätzen anderer Geruchsexperten profitiert, zum Beispiel von Parfümeuren, Fährtenexperten oder Mantrailern. Sie zeigten mir Möglichkeiten, mir die Welt der Düfte besser vorzustellen.«

Wie viel besser können Sie jetzt riechen?

»Viel besser! Im Alltag bemerke und schätze ich Gerüche deutlich mehr. Ich nehme wahr, wenn der Duft eines Menschen sich verändert. Und wenn ich neue Gegenstände in meiner Hand halte, rieche ich jetzt auch an ihnen. Überraschenderweise empfinde ich schlechte Gerüche nun weniger unangenehm. Auch für Hunde, glaube ich, sind Gerüche zuallererst Information, und ich beginne ebenfalls, Gerüche auf diese Art zu begreifen.«

Anders als bei Hunden muss unser Gehirn Gerüche mit Begriffen oder Bildern verbinden, um sie besser abspeichern zu können. War es manchmal schwierig, Beschreibungen für gewisse Düfte zu finden?

»Wir sagen, etwas ›riecht fischig‹ oder ›wie Orangen‹. Ich habe oft lange nach passenden Begriffen suchen müssen, um Gerüche für mich selbst einzuordnen. Manchmal habe ich mir den Ort vorgestellt, an dem ein bestimmter Geruch vorkommen könnte. Oder ich habe Adjektive benutzt, die wir normalerweise mit anderen Sinnen verbinden wie ›hell‹, ›scharf‹ oder ›ruhig‹.«

Was passiert, wenn wir besser riechen lernen? Fühlen wir dann auch anders?

»Wir alle erleben Gerüche größtenteils unterbewusst, auch die Geruchsexperten. Wahrscheinlich nehmen Sie den Geruch Ihrer eigenen Wohnung nicht mehr wahr, weil Sie sich an ihn gewöhnt haben. Aber wenn dieser Duft sich verändert, bemerken Sie, dass etwas nicht stimmt. Die intensive Beschäftigung mit Geruch öffnet eine andere Sinneswahrnehmung, und Sie erfahren bestimmte Momente dadurch anders.«

Hunde passen sich uns Menschen an und beobachten mehr. Sollten wir mit unseren Hunden mehr Nasenarbeit machen?

»Als ich zum ersten Mal mit meinem Hund einen Kurs für Nasenarbeit besuchte, war ich beeindruckt, wie sehr die Hunde anfangs nicht schnüffelten. Der Grund dafür ist, dass wir Besitzer unsere Hunde vom Riechen abhalten, also hören sie damit auf. Das ist tragisch! Stellen Sie sich vor, Sie würden von jedem interessanten Anblick weggerissen. Sie würden wahrscheinlich lernen, gar nicht mehr hinzuschauen.«

Zur Person

New York City, die Stadt, in der Alexandra Horowitz im Juli 1969 geboren wurde, ist auch heute ihre berufliche wie private Heimat. In San Diego, USA, promoviert sie in Kognitionswissenschaft, wobei sie Menschen, Nashörner, Bonobos und Hunde erforscht. Bevor sie sich der Wissenschaft widmet, wird sie Lexikografin bei Merriam-Webster und dem ›New Yorker‹. Ihre Bücher »Was denkt der Hund« und »Gemischtes Doppel« werden internationale Bestseller. Sie lebt mit ihrem Ehemann, dem Schriftsteller Ammon Shea, ihrem ungern spazieren gehenden Sohn und zwei großen, riechbegeisterten Hunden zusammen.

Interview

LILA LIEBT ES

- STEFANIE DIEM -

Die Ridgeback-Hündin Lila von Stefanie Diem ist nicht nur Namensgeberin für die innovative und international erfolgreiche Hundepflege »Lila loves it«. Lila liebt auch das voll zertifizierte Biofutter »made in Germany«, nach dem sich ihre Artgenossen in Asien oder Österreich ebenfalls die Lefzen lecken.

Stefanie Diem, kaum einer kennt den internationalen Markt für Hundepflege so gut wie Sie. Was brauchen Ihre Kunden?

»Es gibt Menschen, die schwärmen: ›Mein Gott, was für tolle Inhaltsstoffe.‹ Andere sind begeistert, weil unsere Produkte und Verpackungen auch super aussehen. Und doch gibt es Unterschiede: Erste Hilfe ist in China kein Thema, man geht mit seinem Hund sofort zum Tierarzt. Grooming-Produkte laufen in Asien grundsätzlich gut, denn das Fell soll unbedingt glänzen. Hundehalter in Deutschland, der Schweiz und Österreich fragen nach Pflegeprodukten, die wirklich helfen, wenn sich der Hund in der Natur die Pfoten verletzt hat oder die Ohren jucken …«

↖ Immer im Team: Lila, Stefanie Diem und Penny.
← Die Pflegeprodukte von »Lila loves it« enthalten natürliche Inhaltsstoffe – zum Wohl der Tiere.

Nach einem Mittel, das endlich hilft, suchten Sie persönlich auch. Wie war das damals?
»Eigentlich arbeitete ich vor acht Jahren in der Beratung von Luxusunternehmen, nachdem ich als CEO die Marke MCM wiederbelebt hatte. Doch im Alter von neun Monaten bekam unsere Ridgeback-Hündin Lila eine heftige Ohrenentzündung nach der anderen. In letzter Instanz wirkten nur Kortison oder Antibiotika. Einer meiner Kunden war ein Pharmazeut und Unternehmer, dem ich von Lilas Problemen erzählte. Er gab mir ein kleines Fläschchen, das nicht nur meinem Hund enorm half, sondern auch mein Leben beruflich auf andere Beine stellte.«

Hört sich nach einem kleinen Wunder an. Was war in der Flasche?
»Ein Balsam zur Beruhigung der Haut. Diese Kombination aus Ringelblume, medizinischem Honig, Nachtkerzenöl, Zink und indischem Weihrauch gemixt mit schulmedizinischen Inhaltsstoffen wie Hyaluron ließ Lilas Ohren schlagartig gesunden. Eine Art Komplementärmedizin für Hunde gab es damals noch nicht. Ich hatte plötzlich eine Geschäftsidee, einen Ansatz mit besonderem ›Sinn‹.«

Und die Produktlinie durfte Lila heißen?
»Genau, mein Mann sagte damals: »Du liebst deinen Hund so sehr. Wenn du wieder eine Firma gründest, muss im Markennamen unbedingt ›Lila‹ vorkommen.« Damit war »Lila loves it« geboren. Das war 2013. Drei Jahre später haben wir zusätzlich eine zweite Linie nur für Tierärzte entwickelt.«

Klingt, als wäre der Weg zum Erfolg ein Spaziergang gewesen?
»Im Gegenteil. Es war anfangs schwierig. Wir fertigten ja alles von Hand. Ich erinnere mich, dass mein Sohn sogar eine erste Etikettiermaschine aus Lego für uns baute. Auch die Bestellmengen machten uns Sorgen. 50.000 Stück eines Produkts zu bekommen, ist kein Problem. Aber suchen Sie mal dunkelbraune Flaschen in kleinen Mengen ... Alles war eine immense Herausforderung.«

Längst verkauft sich »Lila loves it« in mehr als 30 Ländern, darunter auch bei Harrods in London, in Paris und auf Mallorca, bei Fiffi & Co in München, den Pet Shop Boyz in Hamburg und Hund von Eden in St. Peter Ording.
»Heute ist tatsächlich vieles leichter, weil die Firmen mittlerweile auf uns zukommen. Die mögen unser Label, die hochwertigen Produkte, die Optik und das Prädikat ›made in Germany‹. Der Witz ist: Wir wurden bei den ersten Messeauftritten gefragt: »Seid ihr nicht eine britische Marke?« Offenbar hatte man damals das Stylishe von einer deutschen Marke so nicht erwartet. Doch wir vertreiben gewiss kein Chichi, selbst Hundesportler fragen bei uns an. Das »First Aid«-Serum war übrigens mein erstes Produkt, das gibt es noch heute in genau dieser Rezeptur. Da darf das Verpackungsdesign schon mal wechseln.«

Zur Person

Geboren 1970 im Badischen, aufgewachsen in ländlicher Idylle am Fuße des Schwarzwaldes. Ihre beruflichen Stationen führen Stefanie Diem nach der Modeschule zum Deutschen Fachverlag in Frankfurt, als Director E-Commerce zu Sport1 und als Director Multimedia zu ProSiebenSat1. Sie war Europa-Geschäftsführerin bei MCM und selbstständig als Beraterin für nationale und internationale Marken im Bereich Marketing und Vertrieb tätig. Erst durch Lila, ihre erste eigene Hündin, kommt sie auf den Hund und gründet »Lila loves it«. Stefanie Diem lebt heute in einem beschaulichen Dorf am Ammersee – mit Familie, zwei Kindern, zwei Hunden und einem Pferd.

Beeinflussen Trends Lilas Produkte immer noch?

»Total. Ich war ja mal Trendscout beim Deutschen Fachverlag. Das Interesse am Neuen ist geblieben, doch den Blick versuche ich stets über den Tellerrand zu heben. Die größten Trends kommen für mich aktuell aus dem Lebensmittelbereich und der Welt der Nachhaltigkeit, auch wenn es um Verpackungen, Formen und Materialien geht. Ich möchte eben immer, dass alles etwas unerwartet aussieht und dabei aber so ökologisch wie möglich ist.«

Ihrer ursprünglichen Idee von nachhaltiger und ökologischer Pflege sind Sie treu geblieben. Ein Nagellack für Hundekrallen käme bei Ihnen nicht in die Tüte?

»Den wird man nie bei uns finden, passt so gar nicht zu unserer Philosophie. Wir verstehen unsere Serien als Problemlöser, nicht als Pflege oder Deko. Dazu gehört, dass wir auf Parabene, Silikone und künstliche Duftstoffe komplett verzichten. Wenn etwas nicht ganz überzeugt, versuchen wir, es einfach noch besser zu machen. Manchmal kommen die Anregungen dafür auch von unseren Kunden, zum Beispiel: »Macht doch die Pfotenpflege mal als Stick für unterwegs!«

Wie erklären Sie sich die große Bedeutung, die Hunde für so viele von uns haben?

»Schon mein Großvater hatte eine Jagdpacht, einen Deutschen Vorstehhund und einen Dackel. Damals hatten Hunde andere Aufgaben. In einer Zeit, in der große Unsicherheit herrscht, in der Menschen immer mehr das Vertrauen in Menschen verlieren, da bekommt die bedingungslose Liebe unserer Vierbeiner eine andere Bedeutung. Sie verlassen und täuschen uns nicht. Wenn ich heute zu lange am Schreibtisch bin, zeigt mir Lila, es ist Zeit für eine Pause. Uns eint eine tiefe Verbundenheit: Es bricht mir jedenfalls das Herz, wenn Lila vor einer Geschäftsreise das Köpfchen schief stellt, als wolle sie fragen: »Warum darf ich denn nicht mit?«

Und Ihr Betrieb antwortet mit Produkten auf die Liebe zum Tier?

»Ich denke, ganz ähnlich wie beim vegetarischen Trend schärfen wir auch unser Bewusstsein in Bezug auf Hunde. Es ist doch ein ernährungsphysiologischer Wahnsinn, 99 Prozent Fleisch in den Hund zu stopfen. Manche Entwicklungen sind nicht nachvollziehbar. Hier hilft nur Aufklärung. Wenn es darum geht, neue Problemlöser zu entwickeln, bin meistens ich es, die unseren Experten einfache, manchmal fast naive Fragen stellt: Was sagen der Veterinär und der Tierheilpraktiker, können wir in die Zahnpasta noch etwas Kurkuma machen? Gute Idee, macht Sinn, Kurkuma desinfiziert. Wie können wir ein Alleinfuttermittel hochwertig produzieren, das den Hund voll umfänglich versorgt, am besten regional und das Ganze in Lecker und Schön?

← Aus Liebe zum Hund. Die Produkte von »Lila loves it« stehen für nachhaltige und ökologische Pflege.

Zwei unserer Tierärzte haben an unserem Futter Tag und Nacht entwickelt. Heute ist es auf dem Markt mit hundertprozentiger Deklaration und Vollanalyse. Fragen Sie danach mal bei anderen Herstellern … Im Ernst: Wir können als interessierte, nachfragende Verbraucher viel bewirken.«

Das klingt nach großem Verantwortungsbewusstsein …

»Unsere Kunden schätzen das. Im Hundefutterbereich können wir nicht selbst fertigen. Aber alles geschieht nach unseren Rezepturen. Wir lassen bei den besten Abfüllern in Bayern und in Mitteldeutschland arbeiten. Verpackungen kommen aus Deutschland und Polen. Flaschen und Gläser sind von regionalen Lieferanten. Natürlich gibt es längst auch ein nachhaltiges »Refill«-Angebot für Shampoos und Fellkuren. Bei anderen Produkten müssen wir aber die medizinische Hygiene liefern.«

Augen zu: Wohin träumen Sie »Lila loves it« in zehn Jahren?

»Natürlich wünscht man sich, in so vielen Ländern wie möglich vertreten zu sein. Wir sind von der Qualität unserer Produkte überzeugt und bekommen täglich positive Rückmeldungen. Das motiviert ungemein. Wir wollen ja möglichst vielen Hunden helfen. Gleiches gilt für unsere Unterstützung im Tierschutz. Wir fördern ausschließlich Projekte, die Mensch und Tier zugutekommen, beispielsweise die Tiertafeln, weil sie genau das erfüllen. Überhaupt wünsche ich mir, dass wir über soziales Miteinander das Leben im Moment mehr schätzen lernen. Im Umkehrschluss heißt das nämlich, dass wir unsere Hunde stärker als Lehrer zulassen, damit beide Seiten davon profitieren. Ein schöner Nebeneffekt ist, dass fast alle unsere Produkte problemlos auch von Menschen benutzt werden können. Ich persönlich verwende beinahe alle auch für mich. Die Pfotenpflege für meine Hände und Ellenbogen, das Silberspray ist bei meinen Kindern im Sport immer mit dabei …«

Urlaub auf vier Pfoten

Hier sind Ihre tierischen Begleiter nicht nur geduldet, sondern herzlich willkommen. Wir stellen Ihnen 13 hundefreundliche Hotels und Ferienhäuser in Europa vor, in denen Sie mit Ihrem vierbeinigen Gefährten herrlich entspannte Tage verbringen können

↗ Historisches Ambiente, modernes Design: Blick aus einer von Arkadius gestalteten Suite im Farol Hotel mit Blick auf den Atlantik.

Can Bordoy Grand House & Garden/Palma de Mallorca

Mr. B, ein majestätischer Afghane, ist im Can Bordoy Grand House & Garden, im Herzen von Palma de Mallorcas Altstadt, Teil des Teams. Er freut sich auf jeden vierbeinigen (und zweibeinigen) Freund, der sich in einer der 24 Suiten des exquisiten Boutiquehotels mit Rooftop-Pool einmietet. »Zu einem gastlichen Haus, das eine solch private und geschützte Atmosphäre bietet wie wir, gehört auch ein Hund. Unser Mr. B spiegelt alles, was uns ausmacht: Wärme, herzliche Persönlichkeit, aristokratische Eleganz und eine Aura mit einem Hauch von Luxus«, sagt Giovanni Merello, Managing Director des Can Bordoy Grand House & Garden. »Und wir verwöhnen Gast und Hund mit einem eigenen Pet-Package.«

Ein Ausflug mit einem Dogwalker rund um Palma steht ebenso auf der Agenda wie eine Speisekarte mit ausgesuchtem Hundefutter. Im Zimmer warten schicke Fress- und Wassernäpfe sowie ein Hundekissen, das auf die Größe des Vierbeiners ausgelegt ist. Weitere Highlights für Frauchen und Herrchen: Das Frühstück kann den ganzen Tag über eingenommen werden. Und natürlich der traumhafte Garten des Palais – der größte Privatpark der Stadt.

Infos: canbordoy.com

–

Farol Hotel/Cascais

Im Gegensatz zu manch anderem Designhotel seiner Klasse freut sich das 5-Sterne-Haus Farol mit traumhaftem Blick über den Atlantik sehr über Gäste mit Begleitung auf vier Pfoten. Das Herrenhaus aus dem Jahr 1890, das einst dem Grafen von Cabral gehörte und heute gekonnt Tradition mit moderner Architektur verbindet, liegt pittoresk an den steilen Klippen des Meeres, 5 Gehminuten zum Zentrum von Cascais und 20 Minuten Fahrt von der Stadtmitte Lissabons entfernt. Für Gäste, die mit Hund reisen, gibt es das Spezialpaket »Your pet – our VIP«. Zwar dürfen die Tiere nicht mit in die Restaurants und an den Pool, doch für

ihr Wohl wird natürlich ordentlich gesorgt: mit Hundebett und jeweils auf die Bedürfnisse abgestimmtem Futter, leckeres Hundegebäck inbegriffen. Gäste können auf Wunsch auch einen Hundesitter buchen. Und: Das Farol Hotel hält eine Auswahl an Spielzeug, Leinen, Halsbändern und Hundemarken bereit. Die Sandstrände der Umgebung laden zu langen, abwechslungsreichen Spaziergängen ein, empfehlenswert sind auch Ausflüge nach Sintra, nach Estoril oder nach Lissabon.

Infos: farol.com.pt

–

Gut Ising/Chiemsee

Das 170 Hektar große Gut liegt malerisch bei Chieming am Chiemsee mit Blick auf die Alpen. Egal ob Pferd oder Hund – Vierbeiner sind herzlich willkommen. Der Hit: Hier dürfen Hunde sogar mit auf den Golfplatz – natürlich an der Leine. Und auch in die Restaurants dürfen sie Frauchen und Herrchen begleiten. Besonders beliebt nach einem Spaziergang am nahen Chiemseeufer oder einer Runde Golf: die Hundedusche mit wohltuendem Warmwasser und einem speziellen Kräutershampoo. Zweibeiner können sich dagegen im Spa mit Innen- und Außenpool erholen. Alternativen: eine Partie Tennis auf den hauseigenen Plätzen, eine Wanderung, Rad- oder Ballontouren. Auch in den gemütlichen Zimmern im alten Herrenhaus oder den sieben Nebenhäusern fühlen sich Zwei- und Vierbeiner wohl. Sie sind in einem Mix aus Antiquitäten, Biedermeier- und Bauernmöbeln eingerichtet.

Infos: gut-ising.de

–

L'Andana/Maremma

Traumurlaub im südlichsten Teil der Toskana. Das 5-Sterne-Hotel l'Andana, ehemalige Jagdresidenz Leopolds II., liegt in der wunderschönen Region Maremma bei Castiglione della Pescaia. Von der prachtvollen, von Zypressen gesäumten Auffahrt blickt man auf Olivenhaine und Weingärten – und in der Ferne glitzert das Meer. Highlight für Vierbeiner: Toben mit den neu gefundenen Freunden am nahen Hundestrand Fiumara Beach. Aber auch im herrschaftlichen Anwesen mit seiner entspannten und sehr persönlichen Atmosphäre sind sie gerne gesehen. Wie übernachten Hund und Herrchen? In geräumigen Zimmern, die in einem gelungenen Mix aus elegant und gemütlich von Ettore Mocchetti eingerichtet sind, die Bäder sind besonders großzügig! Ein kleiner Golfplatz, zwei Pools und der edle ESPA mit einmaligen Behandlun-

↖ Gut Ising am bayerischen Chiemsee ist ein wahres Paradies für Vierbeiner.
↑ Im luxuriösen Boutiquehotel l'Andana in der italienischen Maremma ist der Hundestrand nicht weit. Und auch Zweibeiner werden sehr verwöhnt.

↑ Tipp für Weinliebhaber: das Hotel Six Senses Douro Valley, das hoch über dem Fluss Douro thront.
↗ Britisches Landleben erwartet Herrchen, Frauchen und Vierbeiner im Fish Hotel in den charmanten Cotswolds.

gen, Hallenbad und Saunen machen den Urlaub im L'Andana perfekt. Für Gourmets: Tisch in der Trattoria Enrico Bartolini reservieren – speisen auf höchstem Niveau!
Infos: andana.it

–

The Fish Hotel/Cotswolds

Malerische alte Dörfer, sanfte Hügel, mit Efeu bewachsene Cottages, urgemütliche Pubs. Die Cotswolds werden auch »das Herz Englands« genannt. Wer Lust auf eine Tour mit Hund durch diese zauberhafte Gegend hat, sollte unbedingt ein paar Tage auf diesem Boutique-Landgut einplanen – das Fish Hotel ist ein wundervolles Getaway für Familien und Romantiker! Von hier aus lassen sich Orte wie Castle Combe, Bibury und Lower Slaughter ideal erkunden. Das Hotel liegt im Herzen des 400 Hektar großen Farncombe Estate, in der Nähe des idyllischen Örtchens Broadway. Das Interieur: Klassischer Country-Look trifft auf schickes Scandi-Design. Und im Restaurant Hook kommen köstliche frische Meeresfrüchte auf den Tisch. Hunde sind in zwölf Zimmern willkommen (in einem der Baumhäuser, im Farmhaus und in einigen Suiten). Außerdem gibt es eine Hundedusche, einen Agility-Parcours für Hunde und in der Lounge kann man Afternoon Tea für seinen Vierbeiner bestellen – spezielle Muffins sowie Leckereien von Hundenahrungshersteller Cotswold Raw.
Infos: thefishhotel.co.uk

–

Six Senses Douro Valley/Douro-Tal

Der heimliche Chef des prächtigen Hotels? Haushund Aqua, den die Mitarbeiter aus dem Tierheim adoptiert haben. Viel Spaß macht zum Beispiel eine Radtour oder eine Wanderung gemeinsam mit Aqua durch die grünen, weinbepflanzten Hügel des idyllischen Douro-Tals. Die Gegend entlang des Flusses Douro im Norden Portugals ist UNESCO-Weltkulturerbe. Das beeindruckende Haus der renommierten Luxuskette, das sich an die Hänge des ältesten Weinanbaugebietes Europas schmiegt, verbindet die Architektur des 19. Jahrhunderts mit modernem, schlichtem Interieur, auch in den Gästezimmern. Gut zu wissen: Vierbeinige Begleiter wohnen umsonst. Himmlisch für Weinliebhaber: die täglichen Weindegustationen und der handverlesene Weinkeller mit Schwerpunkt auf regionalen Weinen. Auch lohnenswert: ein Besuch im edlen, 2220 Quadratmeter großen Six Senses Spa. Und natürlich eine Bootsfahrt auf dem Douro. *Infos: sixsenses.com*

–

Severin's Resort & Spa/Keitum

Ankommen, durchatmen, wohlfühlen. Das reetgedeckte Sylter 5-Sterne-Haus verwöhnt vierbeinige Familienmitglieder mit großer Hingabe – es hat sogar einen eigenen Hunde-Concierge. In den elegant-gemütlichen Zimmern, die mit hellen, warmen Farben in einem Mix aus nordischem Chic und luxuriösem Komfort eingerichtet sind, können Hundebesitzer zwischen Hundebetten in drei Größen wählen und werden natürlich auch mit Näpfen und Handtüchern versorgt. Im hoteleigenen Restaurant Hoog, in dem köstliche regionale Küche serviert wird, sind Hunde ebenfalls gern gesehene Gäste. Äußerst praktisch: Das Haus liegt am Wattenmeer, ideal für stundenlange Spaziergänge durch die Dünen- und Heidelandschaften der Insel. Echtes Highlight: der Spa des Hauses mit fünf Themensaunen, einem Hamam und einem großzügigen Schwimmbad.
Infos: severins-sylt.de

–

Lime Wood Hotel/Hampshire

So ein Hundeleben ... In diesem ganz besonderen Country-Hotel mit seiner prachtvollen Regency-Fassade im Herzen des britischen New Forest stehen täglich ausgiebige Spaziergänge mit dem vierbeinigen Begleiter auf dem Programm. Wer sich in einem der Zimmer im Coach House oder Crescent mit Kamin und Terrasse einmietet, darf sich nicht nur über viele stilvolle Details freuen, sondern auch über eine bereitliegende detaillierte Wanderkarte mit den schönsten Touren durch

↗ Himmlisch für (See-)Hunde: Das Severin's Resort & Spa auf Sylt liegt nur ein paar Gehminuten von der Nordsee entfernt.
→ Die Zimmer im angesagten Lime Wood Hotel im englischen New Forest sind in einem genialen Mix aus plüschig und modern eingerichtet.

↑ Im Hotel Das Kranzbach im oberbayerischen Klais wird sogar ein Gassi- und Betreuungsservice für den vierbeinigen Liebling angeboten. ↗ Spuren im Sand … Am Strand beim Hotel The Grand Ahrenshoop auf Fischland-Darß-Zingst lässt es sich perfekt herumtoben.

die Umgebung. Tipp: der etwa 10 Kilometer lange Spaziergang zum Schwesterhotel The Pig. Und sind die Gummistiefel zu Hause geblieben – kein Problem. Im Hotel kann man selbstverständlich welche ausleihen. Was macht einen im Lime Wood außerdem glücklich? Das spektakuläre Designkonzept – ein eklektischer Mix aus antiken und modernen Stücken mit großartiger Kunst, unter anderem von Tracey Emin. Eine Massage oder eine Gesichtsbehandlung von Sarah Chapman im Spa, ein Bad im warmen Außenpool und natürlich die äußerst schmackhafte Hausmannskost im Restaurant Hartnett Holder & Co.

Infos: limewoodhotel.co.uk

–

Das Kranzbach/Klais

Himmlische Entspannung für Zwei- und Vierbeiner: Das Kranzbach, ein im britischen Stil erbauter Landsitz mitten in den bayerischen Alpen, ist berühmt für seinen grandiosen Spa: über 3500 Quadratmeter groß, mit diversen Schwimmbädern (toll: der japanische Onsenpool), Saunen und den verschiedensten Wellness- und Sportangeboten. Besonders beliebt zurzeit: Waldbaden. Auf Hundebesitzer warten 20 speziell ausgestattete Zimmer mit direktem Zugang ins Freie. Natürlich stehen dort Näpfe und Hunde-Kuschel-Kissen bereit. Wer Lust auf ausgiebige Wandertouren durch die Buckelwiesen, Berge und Wälder in der Umgebung hat – die Rezeption hat für jedes Niveau die besten Tipps. Beim Spaziergang ordentlich im Matsch gespielt? Kein Problem! Es gibt sowohl einen extra »Hundewaschplatz« als auch am Hoteleingang Holzboxen mit Handtüchern. Außerdem stehen immer wieder Workshops für Hundebesitzer auf dem Programm.

Infos: daskranzbach.de

–

The Grand Ahrenshoop/ Fischland-Darß-Zingst

Ausgelassen im Sand toben, Stöckchen aus den Wellen apportieren und täglich frische Seeluft genießen – im noblen Hotel The Grand auf der Halbinsel Fischland-Darß-Zingst in Mecklenburg-Vorpommern verbringen Hund, Frauchen und Herrchen garantiert Traumtage. Das Haus thront direkt am Strand und ist der perfekte Ausgangspunkt für ausgiebige Spaziergänge entlang der Ostsee. In den modern eingerichteten, geräumigen Zimmern warten natürlich Leckerlis, kuschlige Hundedecken und Näpfe auf ihre Verwendung. Und weil auch Vierbeiner nicht gerne frieren nach einem ausgiebigen Bad in der Ostsee, kann für jede Hundegröße der passende Bademantel ausgeliehen werden. Sollte der Hundebesitzer tatsächlich etwas Wichtiges für seine Zuckerschnute zu Hause vergessen haben – kein Problem: Der hotelinterne Shop lässt keine Wünsche offen. Weitere Pluspunkte: Zum Frühstück im Café View und im

Restaurant Weitblick sind Hunde ganz herzlich willkommen. Beliebt bei Zweibeinern: der 3000 Quadratmeter große Spa- und Wellnessbereich mit herrlicher Saunawelt.

Infos: the-grand.de

–

Pures Leben – Stadl Wuggitz/ Südsteiermark

Wunderschöne Kulisse, wohlige Atmosphäre, völlige Abgeschiedenheit. Wer mit seinem Vierbeiner mal so richtig ungestört Urlaub machen möchte, ist hier, in Altenbach bei Oberhaag, gut aufgehoben: Das Stadl Wuggitz (Foto S. 212) ist ein 200 Jahre alter, behutsam restaurierter, uriger Heustadl für zwei Personen, mit beheiztem Außenpool und Sauna. Beeindruckend: Alle Holzbalken, Dielen und Vertäfelungen des Stadls wurden abgetragen, ausgebessert und originalgetreu wiederaufgebaut. Die Einrichtung des einzigartigen Hideaways: ein genialer Mix aus antiken Stücken und modernen Designelementen, eine großartige Mischung aus Alt und Neu. Toller Service: Das Frühstück mit frischem Gebäck wird täglich geliefert, kostenlose E-Bikes stehen zur Verfügung. Die zahlreichen Wander- und Radwege sind nämlich auch für vierbeinige Begleiter ein großer Spaß.

Infos: puresleben.at

–

Vinschgerhof/Südtirol

Lust auf einen Wanderurlaub mit Vierbeiner? Dann schnell im Wanderhotel Vinschgerhof in Südtirol buchen. Besser kann man die Alpen nicht erkunden ... Zum Wohlfühlservice für den Hund gehören ein eigener Bereich im Restaurant, feine Willkommensleckerli, ein eigenes Menü – und natürlich tolle Wanderwege, die direkt am Hotel starten. Tiere dürfen auch auf allen geführten Wanderungen mitkommen. Außerdem steht ein eingezäunter Hundeplatz zum Toben, Üben und Spielen zur Verfügung. Wer will, kann sogar Hundetrainerstunden buchen. Doch auch Zweibeiner kommen hier nicht zu kurz. Chillen im Wellnessbereich mit Pool, Saunen und Sky-Whirlpool, traumhafte Massagen und Kosmetikbehandlungen, im Restaurant werden Südtiroler Klassiker serviert.

Infos: vinschgerhof.com

–

Senhoog/Sylt

Refugien zum Runterkommen: Nichts als Wiesen, Felder und das Wattenmeer – das 160 Quadratmeter große Ferienhaus SalzWasserHerz (Foto S. 212) liegt in Morsum im Osten der Insel und ist ein wahres Idyll für Urlauber mit Hund. 165 Quadratmeter auf zwei Etagen, äußerst geschmackvoll eingerichtet. Der Panoramablick von hier auf das Wattenmeer ist einzigartig. Bei einer steifen Brise klingt der Tag gemütlich mit einer Tasse Tee am gekachelten Kamin aus. Oder im Badehaus im Garten – mit Sauna und Wellnesswanne. Auch im Schwesterhaus LeuchtTurmSeele in Westerland fühlen sich Vier- und Zweibeiner pudelwohl. 125 Quadratmeter Fläche, vor dem Kamin thronen Egg Chairs, die Essecke ist mit antiken Delfter Fliesen geschmückt. Highlight für Hunde in beiden Häusern: das Wohlfühlpaket samt Bettchen, Napf, Bürsten, Shampoo, BARF-Gefrierschrank und Leckerli. Auf Wunsch wird sogar ein Dogsitter oder Hundetrainer organisiert.

Infos: senhoog.com

↓ Abkühlung gefällig? Der Vinschgerhof in Südtirol ist auf alle Wünsche vorbereitet.

↑ Der perfekte Ort für ein romantisches Wochenende mit Hund? Das superurige Pures Leben – Stadl Wuggitz in der Südsteiermark.
← Zwischen Wiesen und Wattenmeer liegt das luxuriöse, stilvoll eingerichtete Ferienhaus SalzWasserHerz in Morsum auf Sylt.

Weitere Adressen für traumhafte Tage mit Ihrem vierbeinigen Freund

DEUTSCHLAND

–

Das Graseck – my mountain hideaway
Graseck 4
82467 Garmisch-Partenkirchen
Tel. +49 8821 943240
das-graseck.de

Gästehaus berge
Kampenwandstraße 85
83229 Aschau im Chiemgau
Tel. +49 8052 904517
moormann-berge.de

Hotel Genueser Schiff
Seestraße 18
24321 Hohwacht
Tel. +49 4381 7533
genueser-schiff.de

Hotel Landhafen
Deezbüller Straße 70
25899 Niebüll
Tel. +49 4661 7089270
landhafen.com

Naturresort Schindelbruch
Schindelbruch 1
06536 Südharz
Tel. +49 34654 8080
schindelbruch.de

Pharisäerhof
Elisabeth-Sophien-Koog 3
25845 Nordstrand
Tel. +49 4842 353
pharisaeerhof.de

Relais & Château Landhaus Stricker
Boy-Nielsen-Straße 10
25980 Sylt
Tel. +49 4651 88990
landhaus-stricker.com

Schloss Hotel Fleesensee
Schlossstraße 1
17213 Göhren-Lebbin
Tel. +49 39932 80100
schlosshotel-fleesensee.com

Seehotel am Neuklostersee
Seestraße 1
23992 Nakensdorf
(bei Neukloster)
Tel. +49 38422 4570
seehotel-neuklostersee.de

ÖSTERREICH

–

Gut Pössnitzberg
Pößnitz 168
8463 Pößnitz
Tel. +43 3454 205
poessnitzberg.at

Holzleiten Bio Wellness Hotel
Holzleiten 84
6416 Obsteig
Tel. +43 5264 8244
holzleiten.at

Hotel Hochschober
Turracherhöhe 5
9565 Turracherhöhe
Tel. +43 4275 8213
hochschober.com

Hotel Quellenhof
Weidach 288
6105 Leutasch
Tel. +43 5214 67820
quellenhof.at

Priesteregg
Sonnberg 22
5771 Leogang
Tel. +43 6583 82550
priesteregg.at

Schloss Prielau Hotel & Restaurants
Hofmannsthalstraße 10
5700 Zell am See
Tel. +43 6542 729110
schloss-prielau.at

The Guesthouse Vienna
Führichgasse 10
1010 Wien
Tel. +43 1 5121320
theguesthouse.at

Thermenhotel Stoiser
An der Therme 153
8282 Loipersdorf bei Fürstenfeld
Tel. +43 3382 8212
stoiser.com

Wander- und Wohlfühlhotel Landhof Irschen
Stresweg 8
9773 Irschen
Tel. +43 4710 20048
landhof-irschen.at

ITALIEN

–

Artnatur Dolomites
Oswald-von-Wolkenstein-Platz 5
39040 Siusi
Tel. +39 0471 706174
artnatur-dolomites.com

Arua Private Spa Villas
St. Peter 17
39019 Dorf Tirol
Tel. +39 0473 931020
arua-villas.it

Hotel Lungarno
Borgo S. Jacopo, 14
50125 Florenz
Tel. +39 055 27261
lungarnocollection.com

Relais Poggio Ai Santi
Strada di S. Bartolo, 100
57027 San Vicenzo
Tel. +39 0565 798032
poggioaisanti.com

SCHWEIZ

–

Arosa Kulm Hotel & Alpin Spa
Innere Poststrasse
7050 Arosa
Tel. +41 81 3788888
arosakulm.ch

Hotel Seehof Davos
Promenade 159
7260 Davos Dorf
Tel. +41 81 4179444
seehofdavos.ch

Widder Hotel
Rennweg 7
8001 Zürich
Tel. +41 44 2242526
widderhotel.com

FRANKREICH

–

Château de Saint Paterne
4 Rue de la Gaieté
72610 St Paterne – Le Chevai
Tel. +33 2 33 27 54 71
chateau-saint-paterne.com

Domaine de Fontenille
Route de Roquefraiche
84360 Lauris
Tel. +33 4 13 98 00 00
domainedefontenille.com

Hôtel Crillon le Brave
Place de l'Eglise
84410 Crillon-le-Brave
Tel. +33 4 90 65 61 61
crillonlebrave.com

Villa La Coste
2750 Route de la Cride
13610 Le Puy-Sainte-Réparade
Tel. +33 4 42 50 50 00
villalacoste.com

Interview

LEBE EINFACH!

- JOSÉ ARCE -

An die 200 mehr oder weniger gescheiterte Hund-Mensch-Beziehungen versucht José Arce pro Jahr zu kitten. In besonders schweren Fällen nimmt er das betroffene Tier mit auf seine Finca bei Llubí und integriert es dort in sein Rudel. Der Mallorquiner weiß: »Das Schlimmste für den eigenen Vierbeiner ist, wenn ihm sein Herrchen das Gefühl gibt, er müsse für ihn die Verantwortung übernehmen.«

Im Leben mit Hund verfolgen Sie bestimmte Grundsätze. Welcher leitet Sie dabei am meisten?

»Das Wichtigste für jeden Hund ist die Beziehung zum Menschen, sie ist noch wichtiger als der Kontakt zu anderen Hunden. Selbst Straßenhunde leben vom Menschen. Sie plündern den Müll, anstatt auf die Jagd zu gehen. Wir haben aus einem wilden Tier, das eigenständig war, ein Tier gemacht, das ohne uns nicht mehr überleben kann. Hunde von heute wissen von Natur aus, dass der Mensch die Verantwortung für sie trägt. Hunde ohne Menschen leben zu lassen, ist die größte Quälerei.«

Welche Art der Hundeerziehung empfehlen Sie?

»Ich mag das Wort ›Erziehung‹ nicht. Wenn du einen Welpen zu Hause hast, musst du ihm Verschiedenes beibringen. Doch erst einmal musst du erkennen, was der Hund im Moment aufnehmen oder leisten kann und wie klein oder groß Lernschritte sein dürfen. Wenn ein Hund dir das Leben schwer macht, dann deshalb, weil du seine Bedürfnisse nach Struktur und Sicherheit nicht erfüllst. Dann kippt die Beziehung. Der Hund ist nicht ungehorsam, weil du blöd bist

Zur Person

José Arce wurde 1974 in Palma geboren, nach dem Abitur besuchte er eine Hotelfachschule in Hamburg. Auf Mallorca lebt der Hundetrainer mit drei Deutschen Doggen, einem Podenco-Galgo- Mix, einem weiteren Mischling und zwei Weimaranern. Für jeden Kunden nimmt er sich einen Tag Zeit, in Deutschland oft auch zwei.

← Auf Mallorca lebt der Mensch-Hund-Trainer José Arce. Für jeden Kunden auf der Insel nimmt er sich einen Tag Zeit, in Deutschland auch oft zwei.

oder ein schlechter Trainer. Er ist ungehorsam, weil er eine schlechte Beziehung zu dir hat.«

Das bedeutet: Wer mit einem großen Rudel lebt, muss den Tag gut strukturieren. Wie läuft das bei Ihnen ab?

»Rituale sind uns sehr wichtig! Jeden Morgen und jeden Abend mache ich mit meinen sieben Hunden einen großen Spaziergang. Wenn ich zur Arbeit muss, stehe ich drei Stunden vorher auf, um mich mit meinem Rudel zu bewegen. Ich empfinde das nicht als Belastung, es ist mein Leben.«

Man sagt, Sie würden das Bedürfnis von Hunden erspüren. Welche Bedürfnisse hat der Hund?

»Der Hund will nicht frei sein. Alles, was er will, ist, mit dem Menschen etwas zu unternehmen. Bei einem typischen Kunden hat der Hund komplett die Verantwortung übernommen. Der Hund bestimmt über ihn, über das Haus, über andere Hunde, über die Straße. Dabei sollte der Mensch als Rudelführer vorauslaufen, der Hund folgt ihm – nicht umgekehrt, wie in den meisten Fällen. Jeder Hund nimmt draußen zig Gerüche und Geräusche wahr, es bedeutet puren Stress für ihn, auch noch die Führung zu übernehmen und die Entscheidungen zu treffen. Er kann dann nicht entspannen.«

Der Begriff »Führung« hat für viele Menschen einen negativen Beigeschmack …

»Mag sein, aber die Natur ist nicht demokratisch, und Tiere sind nicht intellektuell veranlagt wie wir Menschen. Es gibt keinen Grund, sich schlecht zu fühlen, wenn der Hund nicht frei laufen kann. Natürlich dürfen meine Hunde auch mal rennen, aber die meiste Zeit möchte ich doch, dass sie ruhig neben mir gehen, weil sie mir vertrauen. Viele Leute schaffen sich einen Hund an und haben keine Ahnung davon, was ein Hund tatsächlich braucht. Sie haben nur ein Liebesbedürfnis und sehen nicht wirklich, wie ein Hund ist.«

Das Leben mit mehreren Hunden ist doch umso schwieriger. Wie führen Sie Ihr Rudel?

»Jeder Hund in meinem Rudel soll wissen: ›Ich habe Kumpel, die anderen Rudelmitglieder, aber mein Verantwortlicher ist José.‹ Wenn möglich, nehme ich verschiedene Hunde mit, zum Beispiel Oscar, wenn ich mit einem Kunden essen gehe. Zum Reiten nehme ich Betty mit. Das Rudel muss untereinander eine starke Beziehung haben, aber nicht so eine starke wie zu mir. Sie dürfen nie vergessen, dass der Verantwortliche ein Mensch ist. Manche Leute machen den Fehler und kaufen einen zweiten Hund, weil der erste nicht gern allein bleibt. Das geht nicht immer gut.«

Läuft Hundeerziehung in Spanien nicht ganz anders ab?

»Die meisten Leute hier auf Mallorca gehen sehr gut mit ihren Tieren um. In vielen Restaurants und Geschäften sind Hunde mittlerweile willkommen. Es gibt spezielle Strände und Parks, insbesondere Palma ist eine sehr hundefreundliche Stadt. Berichtet wird immer nur über die Missstände. Die gibt es natürlich auch, aber die meisten Hundehalter hier sind sehr normal. Dennoch, ein Teil von Spanien hat sich nicht entwickelt. Wenn man in Spanien ein Haus kauft, kann es sein, dass im Haus rechts und links Kettenhunde gehalten werden.«

Können Sie trotz aller Herausforderungen das Leben mit Hund empfehlen?

»Auf jeden Fall! Menschen, Tiere, Pflanzen – wir alle sind miteinander verbunden. Hunde bringen uns die einfachen Dinge des Lebens wieder nahe, sie führen uns zurück zu unseren Wurzeln. Hunde leben im Moment, sie genießen ihn mehr als wir. Das können wir von ihnen lernen, und das macht uns Hundebesitzer zu den besseren Menschen *(lacht)*. Ich glaube, das ist es, was der Hund uns jeden Tag vermittelt. In 1000 Jahren leben wir vielleicht auf dem Mond, aber ich wette, wir haben trotzdem unsere Hunde dabei.«

Liebe geht durch den Magen

Kochen, backen, servieren und in Deckung gehen. Wer seinen Hund so richtig feiern will, darf sich hier ans Werk machen: Diese Torten des Glücks wurden von besten Hundebäckern, Starköchen und Gastrokritikern entwickelt und werden mit besonders verträglichen Zutaten zubereitet. Jedes Festmahl für sich ist eine vollwertige Mahlzeit für Leckermäuler und lässt Herzen und Hunde garantiert höher hüpfen.

FOTOS JONAS VON DER HUDE
REZEPTE UND PRODUKTION FRAUKE KOOPS

Hunde sind Meister im Verführen. Und Hunger haben fast alle – zu jeder Tages- und Nachtzeit. Kaum geht die Kühlschranktür oder die Speisekammer auf, kommen sie angetrabt, stellen das Köpfchen schief und legen ihre treueste Miene auf, während ihr Sabber zu Boden tropft. Doch wer mit Hunden lebt, weiß, sie vertragen längst nicht alles, was uns schmeckt. »Artgerecht« ist das Zauberwort, das Tierärzte und Hundeernährungsexperten oft wiederholen. Beherzigen wir also ihre Bedürfnisse … und sorgen dabei trotzdem für eine gelungene Abwechsung auf dem Speiseplan des Tieres!

Duftende Festtagsfreuden

ZUTATEN:

400 g Dinkelmehl
2 gestrichene TL Backpulver
125 g geriebener Emmentaler
3 Eier
150 ml Milch
75 ml Sonnenblumenöl plus mehr für die Form und zum Braten
1 mittelgroße Zucchini

ZUBEREITUNG:

1 Backofen auf 180 °C Umluft vorheizen.
2 Dinkelmehl in einer Schüssel mit dem Backpulver vermischen.
3 Käse, Eier, Milch und Sonnenblumenöl dazugeben und alles gut verrühren.
4 Eine Ring- oder Kastenform (⌀ 28 cm oder Länge 30 cm) mit ein wenig Sonnenblumenöl einölen, den Teig in die Backform füllen und circa 50 Minuten im Ofen backen. Mit einem Messer in den Kuchen stechen, bleibt ein bisschen Teig daran hängen, noch einige Minuten weiterbacken.
5 Den Kuchen aus dem Ofen holen, 10 Minuten abkühlen lassen und erst dann aus der Form nehmen.
6 Derweil Zucchini putzen, waschen, in Scheiben schneiden und in einer Pfanne mit etwas Öl leicht anbraten. Den Kuchen damit belegen.

TIPP: Für hundegerechte Portionen können Sie diesen Kuchen auch in gefetteten Muffinförmchen backen. Dabei reduziert sich die Backzeit auf 25 Minuten.

Sattmacher Superfood

ZUTATEN:
Öl für die Form
2 Eier
300 g gehacktes Lammfleisch
200 g Vollkornmehl
50 g Haferflocken
50 g gemahlene Sonnenblumenkerne
100 g Hüttenkäse
150 ml Wasser

Zum Garnieren
150 g Frischkäse
100 g Käsewürfel
Leberwurst aus der Tube

ZUBEREITUNG:

1. Backofen auf 180 °C Ober-/Unterhitze vorheizen und eine ovale Form oder Springform (ø 20 cm) einfetten.
2. Die Eier in eine große Schüssel aufschlagen und mit dem Schneebesen verquirlen.
3. Die restlichen Teigzutaten dazugeben und alles gut vermengen. Den Teig in die Form füllen und etwa 45 Minuten im Ofen backen.
4. Kuchen aus dem Ofen entnehmen und 10 Minuten abkühlen lassen. Dann aus der Form lösen und vollständig erkalten lassen.
5. Kuchen mit Frischkäse überziehen und mit den Käsewürfeln verzieren. Auf die Würfel jeweils 1 Klecks Leberwurst spritzen – yummy!

Zauberhafter Zupfkuchen

ZUTATEN:

Für den Teig

125 g grob gemahlene Mandeln
125 g Dinkelmehl
3 Eier
3 EL Distelöl plus mehr für die Form
100 ml Milch

Für die Füllung

250 g Hühnerbrust
500 g Magerquark plus mehr zum Bestreichen
125 g Blattspinat

ZUBEREITUNG:

1 Backofen auf 175 °C Ober-/Unterhitze vor heizen.
2 Mandeln, Mehl, Eier, Öl und Milch in eine Schüssel geben und zu einem glatten Teig verrühren.
3 Eine runde Backform (ø 16 cm) leicht einölen, den Teig hineinfüllen und im Ofen circa 75 Minuten backen.
4 Den Kuchen 10 Minuten in der Form auskühlen lassen, dann aus der Form lösen und vollständig erkalten lassen. Nach dem Auskühlen waagerecht in drei Böden zerteilen.
5 Für die Füllung die Hühnerbrust in Würfel schneiden, in einem Topf mit Wasser in 10 Minuten gar kochen, herausnehmen und dann auskühlen lassen.
6 Zusammen mit dem Quark in kleinen Portionen in einen Behälter geben und mit dem Stabmixer nach und nach zu einer glatten Farce verarbeiten.
7 Den Spinat verlesen, waschen und in einem Topf mit kochendem Wasser 3 Minuten blanchieren. Dann in ein Sieb abgießen und abtropfen lassen.
8 Einen der Böden auf eine Platte setzen und mit der Hälfte der Füllung bestreichen. Als Nächstes die Hälfte des Blattspinats darauf verteilen. Den zweiten Boden auflegen, den Rest der Farce und dann den restlichen Spinat daraufgeben. Den dritten Boden als Deckel aufsetzen.
9 Die Torte circa 1 Stunde im Kühlschrank kalt stellen. Vor dem Servieren oben und an den Seiten mit Quark bestreichen.

Schichten des Glücks

ZUTATEN:

200 g gekochtes Fleisch
Öl zum Braten
150 g Kartoffeln
100 g Karotten
100 g Straußencracker
5–8 Nuggets (Rezept siehe unten)
100 g Skyr oder Frischkäse mit wenig Fett

ZUBEREITUNG:

1 Die Torte wird schichtweise in einem größeren Anrichtering oder in einer kleinen Kuchenform (ø 15 cm) zubereitet.

2 Fleisch in Würfel schneiden, die Hälfte in einem Topf mit etwas Wasser in 10 Minuten gar kochen, die andere Hälfte in einer Pfanne mit etwas Öl 5 Minuten braten und leicht bräunen.

3 Das Fleisch in die Form schichten.

4 Die Kartoffeln mit Schale waschen, in einem Topf mit kochendem Wasser in 15 Minuten weich kochen. Aus dem Wasser heben, zerdrücken und auf das Fleisch geben. Die Karotten putzen, waschen, in dickere Stifte schneiden und in einem Topf mit kochendem Wasser weich garen. Das dauert etwa 20 Minuten. Karotten herausnehmen und leicht in die Kartoffelschicht drücken. Dabei ein paar Streifen zum Garnieren (z. B. die Geburtstagszahl des Hundes) beiseitelegen.

5 50 g Straußencracker mit einem scharfen Messer in längliche Stücke schneiden und mit den Nuggets auf dem Gemüse verteilen. Die restlichen Cracker mit einer feinen Reibe zu Pulver mahlen.

6 Als nächste Schicht Skyr aufstreichen, als Garnitur zum Beispiel die Geburtstagszahl des Hundes aus gekochten Karottenstreifen auflegen. Torte mit Staußencrackerpulver bestreuen.

7 Den Anrichtering ablösen oder Schichttorte aus der Form heben und sofort servieren, damit die Cracker nicht weich werden.

TIPP: Das Fleisch sollte abgekühlt, Kartoffeln und Karotten maximal handwarm sein, damit die Skyrschicht nicht zerläuft.

Nuggets

ZUTATEN:

250 ml Wasser
100 g Puten- oder Rindfleisch
250–300 g Dinkelmehl plus mehr zum Formen
etwas frisch gehackte Petersilie (nach Belieben)

ZUBEREITUNG:

1. Wasser in einem Topf aufkochen und das Fleisch darin in 10 Minuten durchgaren. 150 ml des Kochsuds abnehmen. Das Fleisch aus dem Topf heben, etwas zerkleinern und abkühlen lassen.
2. Den Backofen auf 160 °C Ober-/Unterhitze vorheizen und ein Backblech mit Backpapier auslegen.
3. Fleisch mit dem beiseitegestellten Kochsud im Mixer pürieren und in eine Schüssel umfüllen.
4. 250 g Dinkelmehl zugeben, nach Belieben etwas gehackte Petersilie einstreuen und alles gut verkneten. Der Teig sollte nicht zu weich sein, bei Bedarf noch mehr Mehl einarbeiten.
5. Die Masse mit bemehlten Händen in kleine Stücke zupfen und diese auf das Backblech legen.
6. Nuggets circa 20 Minuten im Ofen backen und auf dem Blech erkalten lassen.
7. Die Nuggets sind in einer Blechdose etwa drei Wochen haltbar.

TIPP: Wer lieber Knochen zubereiten möchte, rollt den Teig auf einer bemehlten Arbeitsfläche aus und sticht mit einem entsprechenden Ausstecher Knochen aus. Diese dann wie oben angegeben auf einem mit Backpapier belegten Blech verteilen und im Ofen backen.

IMPRESSUM

CALLWEY
SEIT 1884

© 2021 Callwey GmbH
Klenzestraße 36
80469 München
buch@callwey.de
Tel.: +49 89 8905080-0
www.callwey.de

Wir sehen uns auf Instagram: *www.instagram.com/callwey*

ISBN 978-3-7667- 2491-5
1. Auflage 2021

Bibliografische Information der Deutschen Nationalbibliothek. Die Deutsche Nationalbibliothek verzeichnet diese Publikation in der Deutschen Nationalbibliografie; detaillierte bibliografische Daten sind im Internet über <http://dnb.d-nb.de> abrufbar.

DIE AUTOREN

Jennifer Dixon arbeitet seit 20 Jahren als Modejournalistin und ist mit Labradoren aufgewachsen. Sie war 14 Jahre im Moderessort der InStyle tätig, 8 davon als Fashion Director. Danach war stellvertretende Chefredakteurin der Magazine Grazia und Jolie. Jetzt arbeitet sie als Head of Marketing & Communication bei Iris von Arnim. Mit ihrem braunen Chocolate Labrador Sølve lebt sie in Hamburg und Dänemark.

Thomas Niederste-Werbeck ist Experte für Hunde und Design. Als langjähriger Chefredakteur und Gründer der Zeitschrift DOGS kennt er sich bestens aus in der Szene. Er ist leidenschaftlicher Hundeliebhaber und lebt mit seinem Mann und den beiden Vierbeinern Buddy und Cooper in Nordfriesland und auf Mallorca.

Marianne von Waldenfels ist Journalistin, Autorin und hat ein Faible für Hunde mit kurzen Beinen. Sie lebt mit Cookie, einem Dackel-Labrador-Mix aus dem Tierschutz, in München, war stellvertretende Chefredakteurin der Zeitschrift InStyle und ist Mitgründerin eines Fashion-Start-ups. Bei Callwey hat sie bereits die Lufthansa City Guides und zusammen mit Jennifer Dixon den Style Guide »Wir lieben Vintage« veröffentlicht.

Dieses Buch wurde in CALLWEY-QUALITÄT für Sie hergestellt: Beim Inhaltspapier haben wir uns für ein MagnoMatt in 150 g/m^2 entschieden – ein matt gestrichenes Bilderdruckpapier. Die gestrichene, mattierte Oberfläche gibt dem Inhalt einen edlen und hochwertigen Charakter. Die Hardcover-Gestaltung besteht aus bedrucktem Bilderdruckpapier und wurde mit einem partiellen Strukturlack veredelt. Dieses Buch wurde in Deutschland gedruckt und gebunden bei Optimal Media GmbH, Röbel/Müritz.

VIEL FREUDE MIT DIESEM BUCH WÜNSCHEN IHNEN:
Projektleitung: Johanna Böshans
Lektorat: Caroline Kazianka
Schlusskorrektur: Constanze Lüdicke
Gestaltung & Satz: Anna Schlecker
Herstellung: Dominique Scherzer

ZUSÄTZLICHE BILDNACHWEISE:
Tory Burch: Tory Burch; **Jeremy Hackett:** Jeremy Hackett; **Arbeiten mit Wau-Faktor:** Amelie Bachert, Bundesverband Bürohund; **Tierschutz:** Deutscher Tierschutzbund; **Alexandra Horowitz:** Michael Mundy; **Stefanie Diem:** Lila loves it; **José Arce:** Deborah Bardowicks; **Hotels:** Farol: Farol PR; Gut Ising: H. J. Wolff; L' Andana: L'Andana; Six Senses Douro Valley: Six Senses; The Fish Hotel: The Fish Hotel, Broadway, Cotswolds; Severin's Resort & Spa: PR, Lime Wood Hotel; Lime Wood Hotel/Amy Murrell; Das Kranzbach: PR The Grand; Ahrenshoop: The Grand Ahrenshoop; Vinschgerhof: Vinschgerhof;
Pures Leben – Stadl Wuggitz: Günter Standl;
Senhoog Sylt: Ydo Sol
Die 20 beliebtesten Hunderassen für Familien:
S. 186: Photo by Juan Gomez on Unsplash
S. 188: Photo by Katja Bayer on Unsplash
S. 189: Photo by Brady Bellini on Unsplash
S. 190: Photo by Matt Briney on Unsplash
S. 191: Photo by Helena Lopes on Unsplash
Johnny Talbot und Adrian Runhof:
S. 61: Sigrid Reinichs